新编21世纪高等职业教育精品教材

电子与信息类

U0795180

MySQL 数据库应用

主　编◎姜云桥

副主编◎刘庆典　张玉南

中国人民大学出版社

·北京·

图书在版编目（CIP）数据

MySQL数据库应用 / 姜云桥主编. -- 北京：中国人民大学出版社，2025. 1. --（新编21世纪高等职业教育精品教材）. --ISBN 978-7-300-33429-5

Ⅰ. TP311.132.3

中国国家版本馆 CIP 数据核字第 2024B9G407 号

新编 21 世纪高等职业教育精品教材 · 电子与信息类

MySQL数据库应用

主　编　姜云桥

副主编　刘庆典　张玉南

MySQL Shujuku Yingyong

出版发行	中国人民大学出版社		
社　　址	北京中关村大街31号	**邮政编码**	100080
电　　话	010-62511242（总编室）		010-62511770（质管部）
	010-82501766（邮购部）		010-62514148（门市部）
	010-62515195（发行公司）		010-62515275（盗版举报）
网　　址	http://www.crup.com.cn		
经　　销	新华书店		
印　　刷	北京密兴印刷有限公司		
开　　本	787mm × 1092mm　1/16	**版　　次**	2025年1月第1版
印　　张	13.5	**印　　次**	2025年1月第1次印刷
字　　数	300 000	**定　　价**	45.00元

前言

Preface

为满足新时代背景下对“应用技术型人才培养”的需求，本书按照“理论够用，重在实践”的原则进行编写，注重技能实践的运用，锻炼学生运用所学知识进行 MySQL 数据库的设计与实践，培养学生的创造能力、开发能力、独立分析和解决问题的能力。本书内容力求叙述简练、概念清晰、通俗易懂、便于自学。

本书为贯穿双项目并行结构，以开发教学管理数据库为学习训练项目、人事管理数据库为任务实施项目，按照模块—任务—案例三层结构组织编写，特邀企业高级工程师参与编写，实现双元制教学。本书划分为 5 个教学模块和 1 个实训模块，共有 19 个任务，整体编排以任务为核心，教学模块的每一个任务都包括任务目标、任务书、知识储备与任务实施四部分。同时在线上平台已建设线上共享课，提供线上数字化学习资源，例如重难点的微课视频、习题、拓展资料、测试等供读者使用。本书也融入了党的二十大精神，激发学生爱国自豪感，培养“四个自信”。本书是一本体例创新、深浅适度、重在应用、着重能力培养的应用型教材。

本书介绍 MySQL 数据库软件，该软件具有体积小、速度快、总体拥有成本低，并且是开放源码等优点。本书将带领学生全面、系统地学习网站建设中的 MySQL 数据库的应用，认识 MySQL 数据库工程项目，快速掌握 MySQL 数据库的设计与维护，包括：MySQL 工作环境的配置，数据库与数据表的创建与修改，数据的查询与更新，索引、视图、存储过程和存储函数、事务的创建与维护，用户与权限的管理和数据的备份。学习本书建议使用 64 课时，可根据实际情况有选择性地执行。

双贯穿项目	模块	任务	建议课时
教学管理数据库 人事管理数据库	模块 1　数据库设计开发前期准备	任务 1.1　认识数据库	1
		任务 1.2　MySQL 的安装与配置	3
	模块 2　数据库基础开发	任务 2.1　数据库的创建与数据表的开发	4
		任务 2.2　数据的操作	4
	模块 3　数据库的查询开发	任务 3.1　数据表的基本查询	2

续表

双贯穿项目	模块	任务	建议课时
教学管理数据库 人事管理数据库	模块 3　数据库的查询开发	任务 3.2　数据表的高级查询	4
		任务 3.3　常用函数查询	4
		任务 3.4　case 表达式和控制流函数	6
		任务 3.5　连接查询	4
		任务 3.6　子查询与集合查询	4
	模块 4　数据库高级应用开发	任务 4.1　视图的开发	4
		任务 4.2　索引的开发	4
		任务 4.3　存储过程和函数的开发	6
		任务 4.4　事务的开发	6
	模块 5　数据库高级管理功能开发	任务 5.1　用户与权限的开发	4
		任务 5.2　备份与恢复的应用	4
	模块 6　综合实训——学生成绩管理数据库设计	任务 6.1　需求分析	实训内容不占课时
		任务 6.2　数据库功能结构	
		任务 6.3　数据库设计与实现	

本书既可作为高职高专、成人高校和应用型本科计算机专业、电子信息技术专业、电子商务专业及其他相关专业的“数据库基础”“MySQL 数据库”等课程的教材，也可作为其他各行各业数据库管理人员培训和自学的教材及参考用书，还可作为计算机数据库技术人员、管理和应用人员、广大数据库技术爱好者及教师的参考用书。本书由临沂科技职业学院具有丰富教学经验的骨干教师共同策划编写，其中姜云桥编写了模块 2、5，刘庆典编写了模块 3、6，张玉南编写了模块 1、4。吴恒章、李露露、董政、高玉妹、王宏波（推想医疗科技股份有限公司）、沙雨彤、李晓坤参与了编写与材料收集工作。姜云桥负责全书的统稿和定稿。

由于编者水平有限，书中难免存在一些疏漏之处，希望读者能够提出宝贵意见，有任何疑问可以联系作者，邮箱为 jyq0362@163.com。

编　者

2024 年 9 月

目 录

Contents

模块 1

数据库设计开发前期准备

知识导图

- 模块 1 数据库设计开发前期准备
  - 任务1.1　认识数据库
    - 数据管理的发展
    - 数据库的概念与术语
    - SQL
    - 数据模型
    - 了解MySQL数据库
  - 任务1.2　MySQL的安装与配置
    - 更改MySQL的配置
    - MySQL服务器的启动和关闭
    - 连接MySQL本地服务的两种方式
    - 远程访问MySQL服务器（拓展学习）

任务 1.1 认识数据库

任务目标

◎ 知识目标	1. 了解数据管理的发展历程 2. 掌握数据库的概念、基本术语 3. 了解 SQL 语言与 MySQL 数据库 4. 理解数据模型 5. 掌握 E-R 图
◎ 技能目标	1. 能看懂 E-R 图 2. 能绘制简单的 E-R 图 3. 能将 E-R 图转换为关系数据模型
◎ 素养目标	1. 养成自主学习意识 2. 养成查阅资料、撰写技术报告等信息处理能力

任务书

任务	任务 1.1　认识数据库	所属模块	模块 1　数据库设计开发前期准备
任务描述	了解数据库的概念、术语及发展，使用 E-R 图描述实体、属性和实体间的联系。		
学习产品	E-R 图、关系表		
学习要求	1. 预习 （1）数据管理的发展可划分为几个阶段 （2）数据库的基本概念、术语 （3）MySQL 的优势 （4）数据模型 2. 掌握 （1）数据库的基本概念 （2）E-R 图的识别、绘制与转换		

知识储备

数据库技术与人们的生活息息相关。无论是传统的软件，还是互联网网站，或者是手机等移动端的应用，都要处理数据。数据库技术主要研究如何有效地管理和存取大量的数据资源。数据库技术不仅应用于事务处理，还进一步应用于情报检索、人工智能、专家系统、计算机辅助设计等领域。

1.1.1 数据管理的发展

数据管理的发展大致可划分为 3 个阶段，分别是人工管理阶段、文件系统阶段和数据库系统阶段。每个阶段的简要介绍如下：

1. 人工管理阶段

20 世纪 50 年代中期以前，计算机主要用于科学计算，而非数据存储。限于当时软硬件技术的落后，对数据的管理主要通过人工方式完成。该阶段的数据管理有如下特点：

（1）数据无法在计算中长期保存；

（2）数据在不同应用程序之间无法共享；

（3）数据不具有独立性，与应用程序相关；

（4）数据需要应用程序自行管理。

2. 文件系统阶段

20 世纪 50 年代中期到 20 世纪 60 年代中期，计算机的软硬件技术有了较大的发展，硬件方面有了磁盘等存储设备，软件方面出现了高级语言和操作系统，并且操作系统提供了文件系统，可以用来管理数据。该阶段的数据管理有如下特点：

（1）数据可以在计算机中长期保存；

（2）数据的管理由文件系统完成；

（3）数据的共享性和独立性差，且数据冗余大。

3. 数据库系统阶段

从 20 世纪 60 年代后期开始，计算机应用越来越广泛，规模越来越大，数据量也急剧增长，对数据共享的要求越来越强烈，使得简单的文件系统不能满足用户的需求，于是出现了数据库系统来统一管理数据。为数据库建立、使用和维护而配置的软件称为数据库管理系统。该阶段的数据管理有如下特点：

（1）数据结构化；

（2）数据共享性高，冗余度低且易扩展；

（3）数据独立性高；

（4）数据统一管理与控制。

1.1.2 数据库的概念与术语

1. 数据（Data）

描述事物的符号记录是数据存储的基本对象。数据是信息的表现形式和载体，可以是文字、数字、符号、声音、视频、图像等，信息是数据的语义，是数据表达的含义。例如数据 93，既可以表示学生某一门课程的成绩，也可以表示某个人的体重，或者表示某个人的年龄。

2. 数据库（DB）

数据库是指存储在计算机内，有组织、可共享的大量数据的集合。数据库通常可分为层次型数据库、网络型数据库、关系型数据库。

3. 数据库管理系统（DBMS）

数据库管理系统是一种操纵和管理数据库的大型软件，用户建立、使用和维护数据库，对数据库进行统一的管理和控制，以实现数据库的完整性和安全性。

4. 数据库系统（DBS）

数据库系统是指由数据库、数据库管理系统、应用程序和数据库管理员组成的存储、管理和维护数据的系统，如图 1-1 所示。

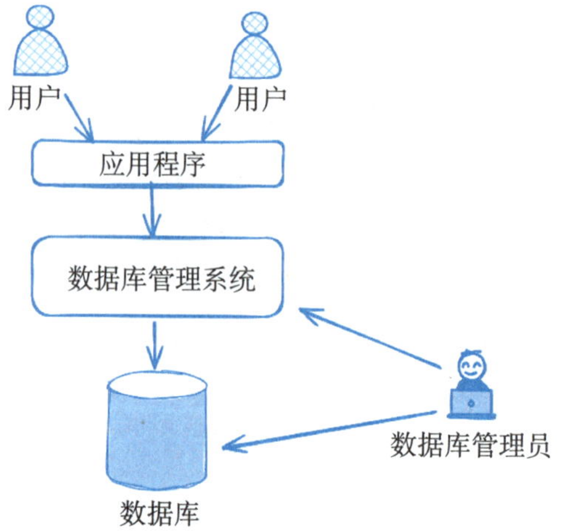

图 1-1 数据库系统

1.1.3 SQL

SQL（Structured Query Language，结构化查询语言）是一种数据库查询和设计语言，主要用于存取数据、查询数据、更新数据和管理关系数据库系统。SQL 由 IBM 公司在 20 世纪 70 年代设计开发，并在 20 世纪 80 年代被美国国家标准学会（ANSI）和国际标准化组织（ISO）确定为关系数据库语言的标准。

SQL 主要分为 3 个部分，即数据定义语言、数据操作语言和数据控制语言。

1. 数据定义语言（DDL）

数据定义语言主要用于数据库、表、视图、索引和存储过程等数据库对象，主要包括 create 语句、drop 语句和 alter 语句。create 语句主要用于数据库对象的创建操作，drop 语句用于数据库对象的删除操作，而 alter 语句则用于数据库对象的修改操作。

2. 数据操作语言（DML）

数据操作语言主要用于对数据的增、删、改、查等操作，包括 insert 语句、delete 语句、update 语句和 select 语句。insert 语句用于插入数据，delete 语句用于删除数据，update 语句用于修改数据，select 语句用于查询数据。由于在日常使用过程中以查询为主，有时候会将查询独立出来，称为数据查询语言（DQL）。数据操作语言作用的对象是数据，而数据定义语言作用的对象则是数据库对象，注意两者关键字的不同。

3. 数据控制语言（DCL）

数据控制语言主要用于控制用户的访问权限。例如，grant 语句用于授权，revoke 语句用于收回权限，commit 语句用于提交事务，rollback 语句用于回滚事务。

1.1.4 数据模型

1. 数据模型概念

数据模型是对现实世界数据特征的抽象，为数据库系统的信息表示与操作提供一个抽象的框架。要将现实世界的事物转变为机器能识别的形式，必须经过两次抽象，即将现实世界的事物转化为概念模型，将概念模型转化为计算机支持的逻辑模型，如图 1-2 所示。

图 1-2 数据的转换

2. 概念数据模型

概念数据模型主要用来描述现实世界的概念化结构，它使数据库的设计人员在设计的初始阶段，摆脱计算机系统及数据库管理系统的具体技术问题，集中精力分析数据以及数据之间的联系。在概念数据模型中，最常用的设计模型就是实体 - 联系模型（E-R 模型）。E-R 模型主要涉及 3 个概念：实体、属性和联系。

（1）实体（Entity）。

客观存在并可以相互区分的事物叫实体。从具体的人、物到抽象的状态和概念都可以用实体抽象表示，如一个学生、一门课程、一支粉笔等。在 E-R 模型中，实体用矩形表示，矩形内标识实体名称。

（2）属性（Attribute）。

属性是实体所具有的特征。一个实体通常有多个属性，能够唯一标识实体的属性称为实体的码。例如，学生有学号、姓名、性别、年龄等属性，其中，学号在学校内部可以唯一标识每位学生，因此可以看作学生实体的码。在 E-R 模型中，属性用椭圆表示，椭圆内标识属性名称，实体与属性之间通过实线连接。

（3）联系（Relationship）。

联系表示实体与实体之间的关联关系。在 E-R 模型中，联系用菱形表示，菱形框内标识联系名称。联系与实体之间通过实线连接，并在连线上标注联系的类型。联系的类型可分为以下 3 类。

- 一对一联系（1∶1）：表 A 中的一条记录仅可以关联表 B 中的一条记录，并且表 B 中的一条记录也仅能关联表 A 中的一条记录。例如，教室中座位和学生之间就是一对一的联系。
- 一对多联系（1∶n）：表 A 中的一条记录关联表 B 中的多条记录，但表 B 中的一条记录仅能关联表 A 中的一条记录。例如，班级和学生之间便是一对多的联系。
- 多对多联系（m∶n）：表 A 中的一条记录关联表 B 中的多条记录，同时表 B 中的一条记录也关联表 A 中的多条记录。例如，学生和课程之间便是多对多的联系。

E-R 图的绘制可遵循如下步骤：

第一步：确定现实系统可能包含的实体。

第二步：确定每个实体的属性，标注每个实体的码。

第三步：确定实体之间的联系，以及确定联系的类型和可能包含的属性，并标注联系的名称。

【例 1-1】画出教师授课的 E-R 图。

第一步：分析确定系统包含的实体，简单起见，假设只包含教师、课程和院系，如图 1-3 所示：

图 1-3　E-R 模型中的实体表示

第二步：分别确定教师、课程和院系实体的属性和码，如图 1-4 所示：

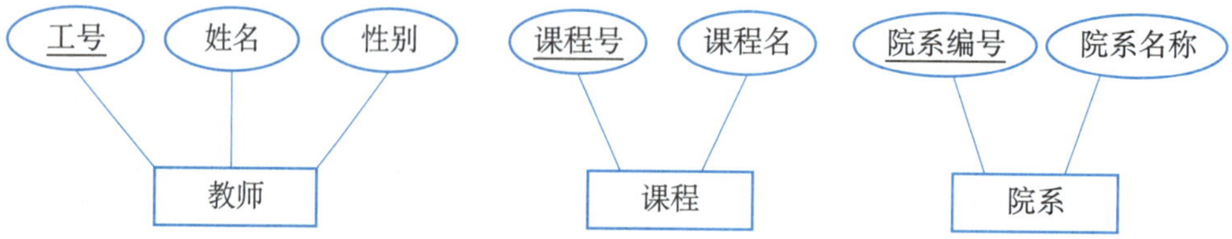

图 1-4　E-R 模型中的实体及属性表示

第三步：分析教师分别与课程和院系之间的联系，并确定联系类型，如图 1-5 所示：

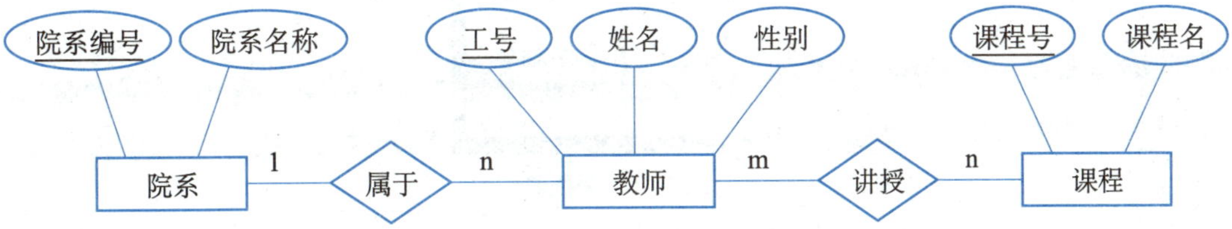

图 1-5 E-R 模型中的实体、属性及联系表示

3. 关系数据模型

用二维表格结构表示实体以及实体之间联系的逻辑模型称为关系数据模型。主要涉及以下几个概念。

（1）关系（Relation）：一个关系就是一张二维表，每个关系都有一个关系名。

（2）元组（Tuple）：二维表中的行称为元组，每一行就是一个元组，元组也称为记录。

（3）属性和属性值（Attribute and Attribute Value）：二维表的列称为属性，每一列有一个属性名，且不能重复。属性值是属性对应的具体的值，如学生表中的学号是属性，2023020106 则是属性值。

（4）域（Domain）：表示属性的取值范围，如性别只能是男和女。

（5）键（Key）：键又称关键字或者码，由一个或者多个属性组成。

将 E-R 图转化为关系数据模型，可遵循以下基本原则：

第一步：每个实体转换为一个关系，实体的属性就是关系的属性，实体的码作为关系的码。

第二步：每个联系转换为一个关系，相关实体的码以及联系自身的属性都作为关系的属性。

第三步：有相同键的关系可以合并为一个关系。

【例 1-2】将教师授课 E-R 模型转换为关系数据模型。

第一步：将教师实体转换为教师表（主键：工号），如图 1-6 所示：

教师表

工号	姓名	性别
100100	陈静	女
100120	丁秋宜	男
100122	郑成	男

图 1-6 教师表

将课程实体转换为课程表（主键：课程号），如图 1-7 所示：

课程表

课程号	课程名
A001	MySQL
A003	操作系统
A004	数据结构

图 1-7　课程表

将院系实体转换为院系表（主键：院系编号），如图 1-8 所示：

院系表

院系编号	院系名称
D001	人文学院
D002	信息学院

图 1-8　院系表

第二步：将授课联系转换为教学表（主键：工号 + 课程号），如图 1-9 所示：

教学表

工号	课程号
100100	A001
100120	A001
100122	A003
100100	A004

图 1-9　教学表

将从属联系转换为从属关系表（主键：工号），如图 1-10 所示：

从属关系表

工号	院系编号
100100	D001
100120	D001
100122	D002

图 1-10　从属关系表

第三步：教师表和从属关系表都以工号为主键，可以合并为一张表，如图 1-11 所示：

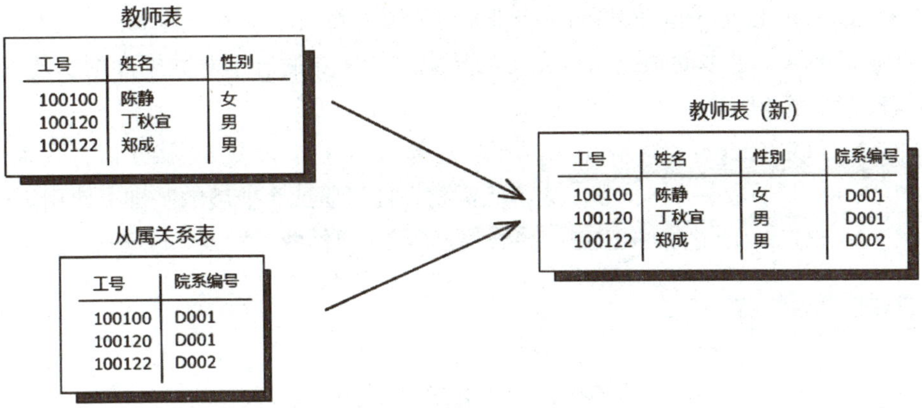

图 1-11　合并后的教师表

1.1.5　了解 MySQL 数据库

MySQL 是一个小型关系数据库管理系统，开发者为瑞典 MySQL AB 公司。该公司于 2008 年 1 月 16 日被 Sun 公司收购，2009 年 Sun 公司又被 Oracle 公司收购。MySQL 成为 Oracle 公司的另一个数据库项目。作为当前最流行的关系数据库管理系统之一，MySQL 由于具有体积小、速度快、总体拥有成本低，以及开放源码的特点，因此被广泛地应用在 Internet 上的中、小型网站中。目前 Internet 上流行的网站架构方式是 LAMP（Linux+Apache+MySQL+PHP）和 WAMP（Windows+Apache+MySQL+PHP）。MySQL 性能出众、可靠性高、方便使用，是当今世界最流行、使用最广泛的开源数据库。

1. MySQL 的优势

（1）功能强大：MySQL 提供了多种数据库存储引擎，各个引擎各有所长，适用于不同的应用场合。用户可以选择最合适的引擎以得到最佳性能。

（2）支持跨平台：MySQL 能够工作在不同的平台上，包括 Linux、Windows、FreeBSD 和 MacOS 等。

（3）丰富的编程接口：MySQL 提供了用于 C、C++、Java、Python、PHP、Ruby 和 Perl 等语言的 API。

（4）安全性高：灵活安全的权限和密码系统允许主机的基本验证。连接到服务器时，所有的密码传输均采用加密形式，从而保证了密码的安全。

（5）开源：MySQL 的社区版是开源的，使得开发者可以很容易地进行二次开发，成本低。

2.MySQL 的版本

MySQL 常见版本如下：

（1）MySQL Community Server（社区版），开源免费，自由下载，但不提供官方技术支持，适用于大多数普通用户，本书案例都使用社区版。

（2）MySQL Enterprise Edition（企业版），须付费，不能在线下载，可以试用 30 天。企业版提供了更多的功能和更完备的技术支持，更适合于对数据库的功能和可靠性要求较高的企业客户。

（3）MySQL Cluster（集群版），开源免费，用于架设集群服务器，可将几个 MySQL Server 封装成一个 Server。集群版需要在社区版或企业版的基础上使用。

（4）MySQL NDB Cluster CGE（高级集群版），须付费。

任务实施

（1）画出班级和学生的 E-R 图，并将 E-R 图转为关系表。

要求：

- 确定班级实体和学生实体的属性和码。
- 确定班级和学生的联系类型，以及联系本身的属性。

（2）现需要设计一个简单教学管理系统，结合设计需求给出 E-R 图，并将 E-R 图进一步转换为关系表。

要求：

- 确定每个实体的属性和码。
- 确定实体之间的联系类型，以及联系本身的属性。

任务要求：

要求撰写实训报告，把完成任务过程中主要操作、命令及关键步骤的截图，遇到的问题与解决方法、未解决或需要进一步探讨的问题，以及任务实践过程中的收获和经验教训写入报告并提交（实训报告见附录）。

任务 1.2　MySQL 的安装与配置

任务目标

◎ 知识目标	1. 掌握安装 MySQL 的方法 2. 掌握配置 MySQL 的方法 3. 掌握从本地和远程登录 MySQL 服务器的方法
◎ 技能目标	1. 能安装 MySQL 数据库软件 2. 能配置 MySQL 数据库
◎ 素养目标	1. 养成自主学习的意识 2. 养成爱国主义的情怀 3. 养成热爱科学、实事求是的学风

任务书

任务	任务 1.2　MySQL 的安装与配置	所属模块	模块 1　数据库设计开发前期准备
任务描述	在 Windows 环境下安装 MySQL 软件并完成设置，能实现从本地或远程登录 MySQL 服务器。		
学习产品	配置 MySQL 工作环境；完成操作实训报告（见附录）		
学习要求	1. 预习 （1）MySQL 服务器的安装与配置步骤 （2）更改 MySQL 的配置 （3）MySQL 服务器两种启动和关闭方法 （4）连接 MySQL 本地服务器的两种方式 （5）远程访问 MySQL 服务器 2. 掌握 （1）在 Windows 环境下安装 MySQL （2）本地登录 MySQL 服务器 （3）远程登录 MySQL 服务器		

知识储备

1.2.1 更改 MySQL 的配置

通过修改 my.ini 文件进行配置。

MySQL 的文件默认安装在“C:\Program Files\MySQL\MySQL Server 8.0”目录下，而 MySQL 数据库的数据文件安装在“C:\ProgramData\MySQL\MySQL Server 8.0\Data”目录下。要手工配置，可以打开位于“C:\ProgramData\MySQL\MySQL Server 8.0”目录下的 my.ini 文件。例如，要修改字符集，则在 [mysql] 下方加入如下所示的代码。

```
default-character-set=utf8mb4
```

1.2.2 MySQL 服务器的启动和关闭

知识微课堂：MySQL 服务器的启动与关闭

1. 命令行方式启动和停止服务

打开“开始”菜单，在 Windows 系统下，右击“命令提示符”，选择“以管理员身份运行”进入 DOS 命令窗口。在命令行输入“net start MySQL80”（注：MySQL80 为安装 MySQL 服务时将服务名称自定义为 MySQL80）则启动 MySQL 服务，输入“net stop MySQL80”则停止 MySQL 服务。

2. 图形化方式配置服务

右击桌面下方“任务栏”，依次选择“任务管理器”→“服务”，下拉找到 MySQL80，右击 MySQL80，选择“启动”或“停止”，或者打开“任务管理器”之后直接单击“服务”，在“服务”界面中下拉找到 MySQL80，右击 MySQL80，选择“属性”，可以设置启动或停止，同时可以设置启动类型为自动、手动或禁用。

1.2.3 连接 MySQL 本地服务的两种方式

知识微课堂：MySQL 服务登录与退出

1. MySQL 客户端连接 MySQL 服务器

从“开始”菜单中打开程序 MySQL Server 8.0，默认以 root（管理员）用户进入，输入密码后按 <Enter> 键，MySQL 的提示符如下所示：

```
mysql>
```

2. DOS 命令连接到 MySQL 服务器

格式：mysql-h 主机地址 -u 用户名 -p 用户密码

首先打开 DOS 窗口，然后进入目录 bin，命令如下：

```
cd c:\Program Files\MySQL\MySQL Server 8.0\bin
```

根据系统中 MySQL 安装位置的不同，前面的例子中使用的路径也不同。然后输入命令 mysql -u root -p 密码，如果从本地主机登录服务器，则 -h localhost 可以省略，按 <Enter> 键后提示输入密码，验证密码正确后即可进入 MySQL 服务器。

1.2.4 远程访问 MySQL 服务器（拓展学习）

1. 创建用户，从指定 IP 登录到 MySQL 服务器

第一步：创建一个新用户 guest，密码为 123456。

```
mysql>create user ' guest '@' 192.168.1.12 ' identified by ' 123456 ' ;
```

第二步：允许用户从指定 IP 登录。

```
mysql>grant all privileges on *.*  to ' guest '@' 192.168.1.12 ' with grant option ;
```

2. 设置从任何客户端机器登录到 MySQL 服务器

将 host 字段的值改为 %，则表示在任何客户端机器上都能以 guest 用户登录到 MySQL 服务器，建议在开发时设为 %。

```
mysql>grant all privileges on *.* to ' guest ' @ ' % ' identified by ' 123456 ' ; -- 赋予任何主机上以 guest 身份访问数据的权限。
```

3. 远程端远程访问

以 guest 用户身份登录 MySQL，登录步骤如下：

（1）在远程计算机中打开 DOS 窗口，然后进入 MySQL 安装目录下的 bin 文件夹，默认安装的路径为：

```
cd c:\Program Files\MySQL\MySQL Server 8.0\bin
```

（2）输入命令：

```
MySQL -h 192.168.226.18 -u GUEST -p123456
```

其中，-h 后为主机 IP，-u 后为用户名，-p 后为用户密码。假设 192.168.226.18 是要登录的 MySQL 服务器所在主机的 IP 地址。

任务实施

实训 1：MySQL 8.0 软件下载

（1）MySQL 的官方下载地址为：https://www.mysql.com，如图 1-12 所示。

知识微课堂：MySQL 的安装

图 1–12 MySQL 官网

（2）打开官网，单击 DOWNLOADS（下载），然后单击下方的“MySQL Community (GPL) Downloads”，接着单击“MySQL Community Server”，如图 1–13 所示。

图 1–13 下载 MySQL 社区版

（3）选择适合的版本，这里选择 Windows 平台下提供的 MySQL 二进制分发版（.msi 安装文件）。该版本提供了图形化的安装向导过程，比其他的分发版使用更简单，不再需要其他工具启动就可以运行 MySQL，如图 1–14 所示。

如果安装 MySQL 其他早期版本的话，选择“Archives”，接着选择相应版本即可。

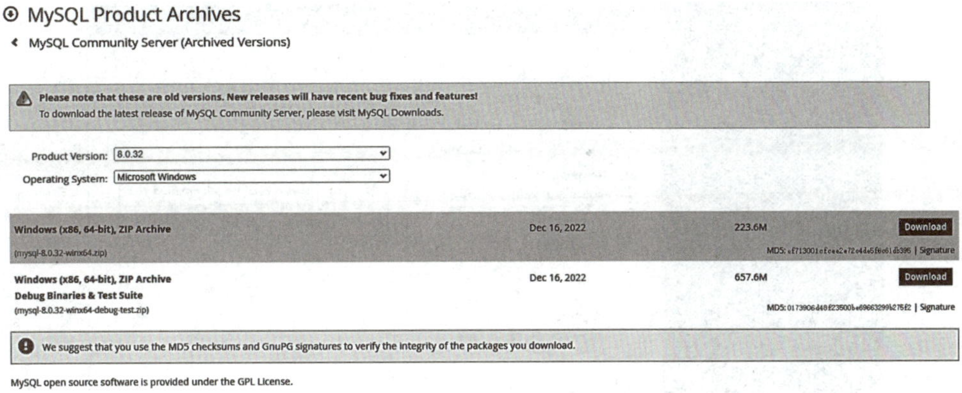

图 1–14 选择 MySQL 二进制分发版

单击“下载”按钮，在新的界面能够注册和登录，这里选择直接下载（单击下方“No thanks，just start my download.”），如图 1-15 所示。

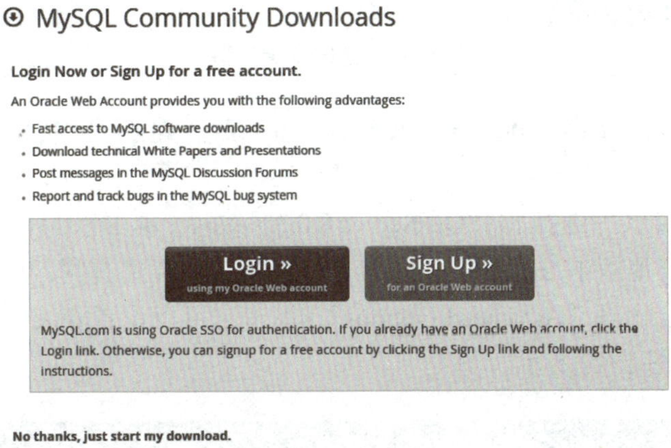

图 1–15 下载界面

实训 2：MySQL 服务器的安装与配置

1. MySQL 服务器安装与配置的步骤

MySQL 下载完成后，找到下载文件，双击进行安装，具体操作步骤如下：

（1）双击 MySQL 的安装文件，打开安装向导。进入安装界面后选择“Custom”自定义安装，单击“Next”按钮，如图 1-16 所示。

安装类型选项说明如下：

Developer Default：开发者默认。

Server only：只安装服务器端。

Client only：只安装客户端。

Full：安装全部选项。

Custom：自定义安装。

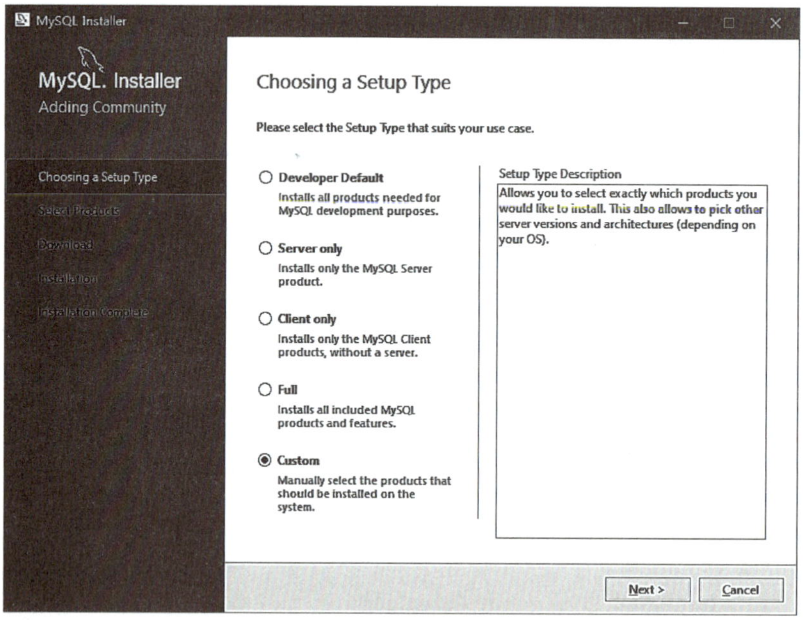

图 1-16　选择安装类型

初学者建议选择 Developer Default 或 Server only，熟悉 MySQL 的用户可以选择 Custom 选项。

（2）在左侧目录中选择 MySQL Server 8.0.32 -X64（本书以 MySQL Server 8.0.32-X64 版本为例，其他版本可能有所不同），单击“➡”加载到右侧，再选择要安装的产品名。在右下角会出现“Advanced Options”，单击它可以设置安装路径。接着，单击“Next”按钮，如图 1-17 所示。

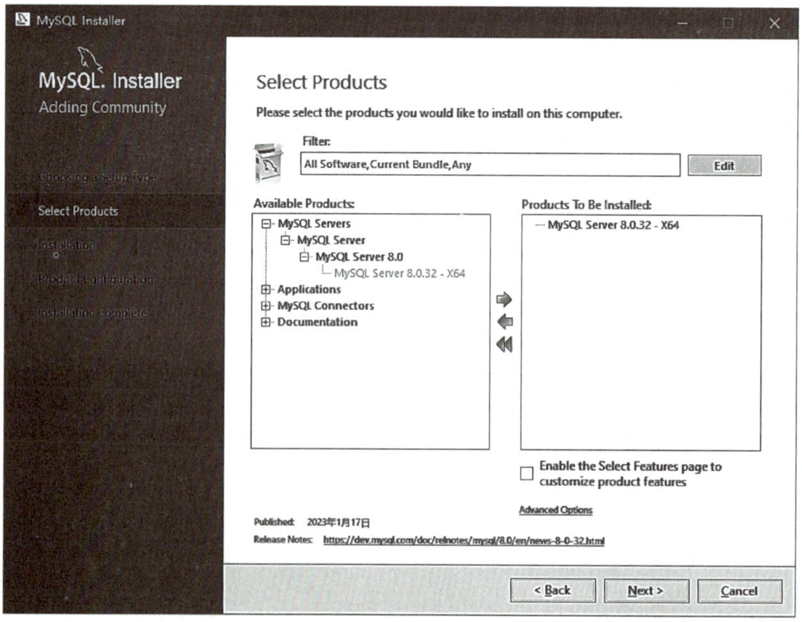

图 1-17　选择产品

（3）继续单击界面中“Execute”按钮执行安装。

▶ 提示：

此处有可能会出现提示需要先安装 C++ 动态库等，则必须先安装 C++ 动态库，没有提示说明操作系统中有需要的动态库，如图 1-18 所示。

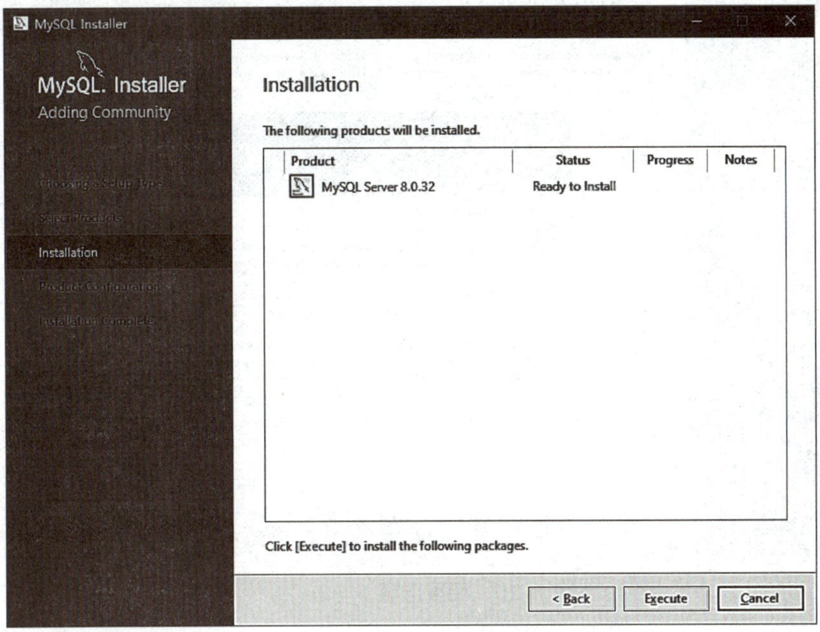

图 1-18 MySQL 的安装

单击“Next”按钮进入产品配置界面，如图 1-19 所示。

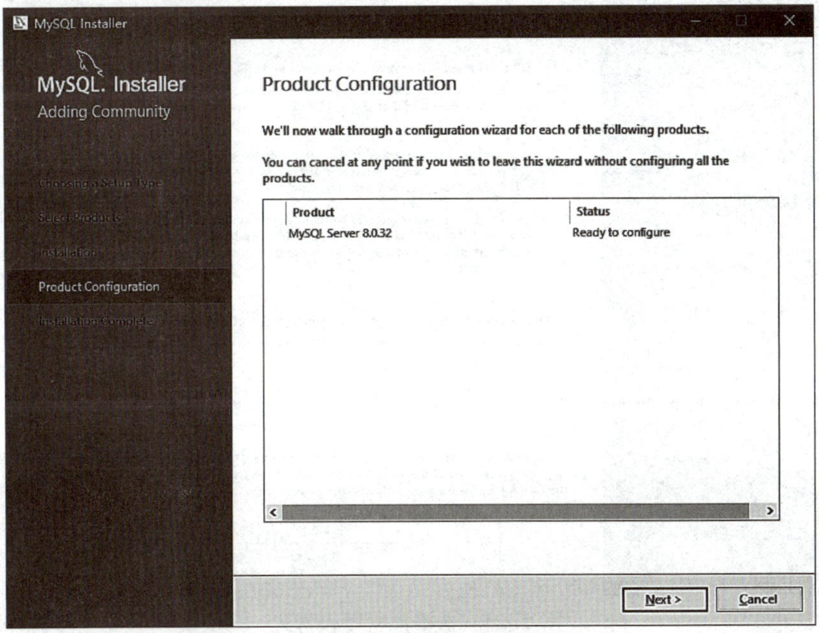

图 1-19 安装完准备配置

（4）选择 MySQL 配置类型为“Development Computer”，接着单击“Next”按钮，如图 1-20 所示。

知识微课堂：MySQL 的配置

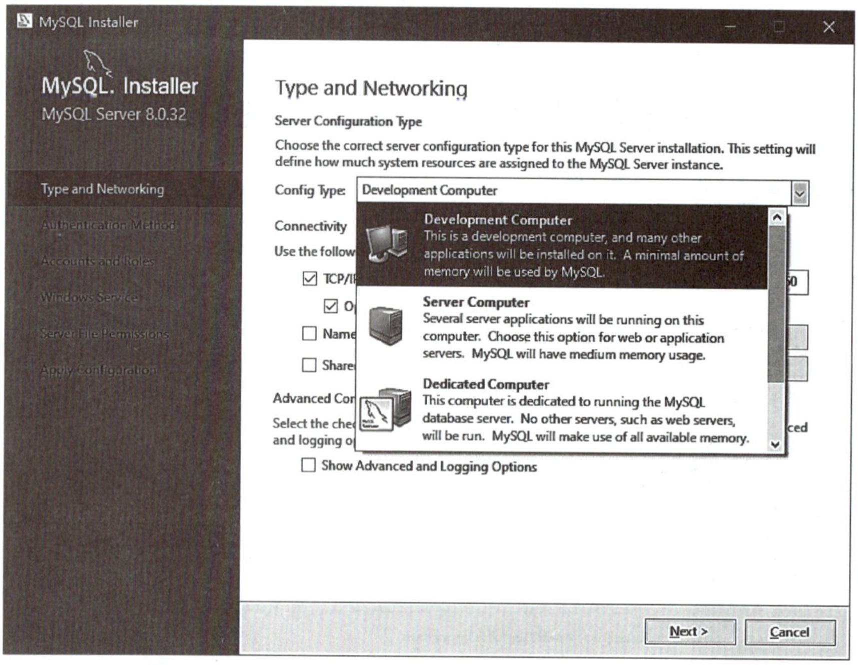

图 1-20　配置选项

（5）选择加密授权方式，如图 1-21 所示。

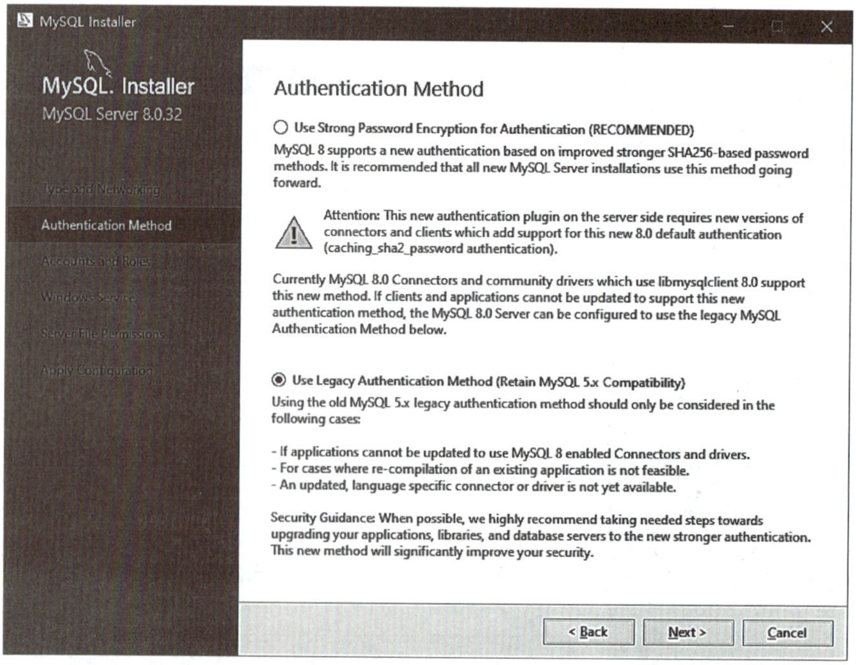

图 1-21　选择加密授权方式

▶ **提示：**

不要选择新加密授权方式，因为某些低版本的客户端工具不支持此方式，会导致无法连接数据库。

（6）设置 MySQL 的超级用户密码，这个超级用户非常重要，对 MySQL 拥有全部的权限。设置好并牢记超级用户密码，因为管理员用户为 root，所以在学习初期建议将 MySQL 数据库密码也设置为 root。设置完成后，单击“Next”按钮，如图 1-22 所示。

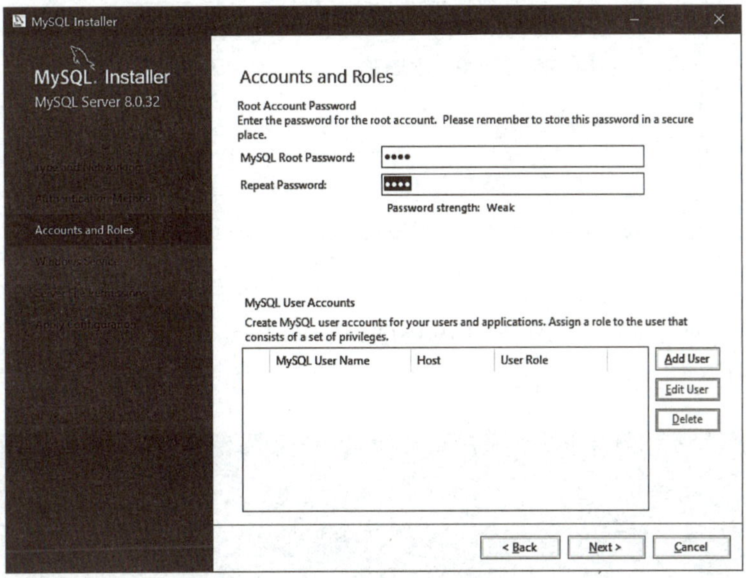

图 1-22 设置超级用户密码

（7）设置 Windows Service 系统服务，设置完毕后单击“Next”按钮；最后单击“Execute”按钮执行设置；安装完成，单击“Finish”按钮。

2. 启动测试

方法 1：选择开始菜单中 MySQL 8.0 Command Line Client，输入设置的密码，回车，如图 1-23 所示。

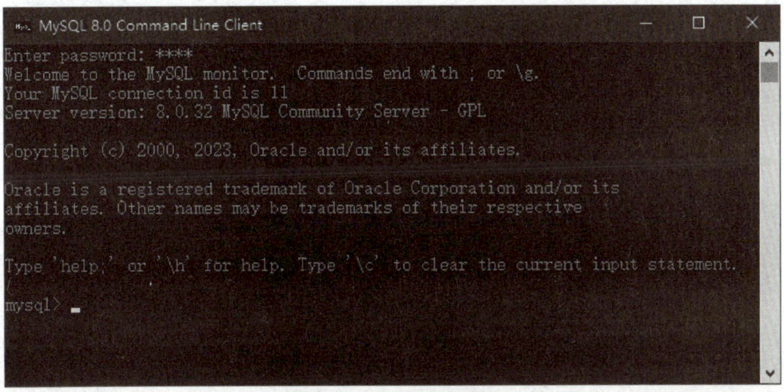

图 1-23 启动界面

方法 2：按 Win+R 组合键打开“运行”界面，在输入框里面输入“cmd”，单击“确定”按钮进入 DOS 命令窗口，如图 1-24 所示。

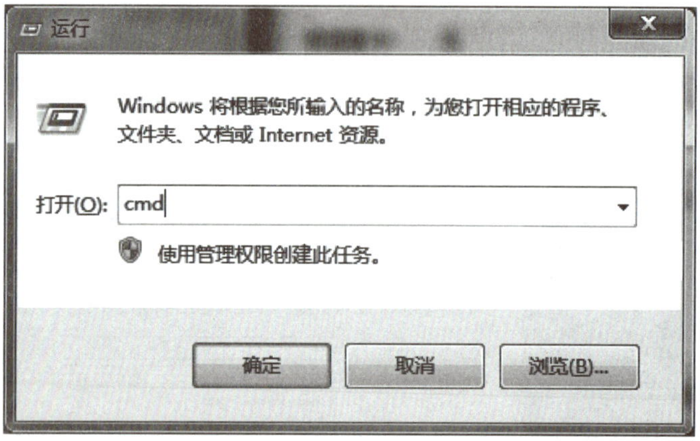

图 1-24　运行窗口

输入 cd C:\Program Files\MySQL\MySQL Server 8.0\bin，使用 mysql -u root -p 密码（自己设的密码，例如 root）命令进入数据库，如图 1-25 所示。

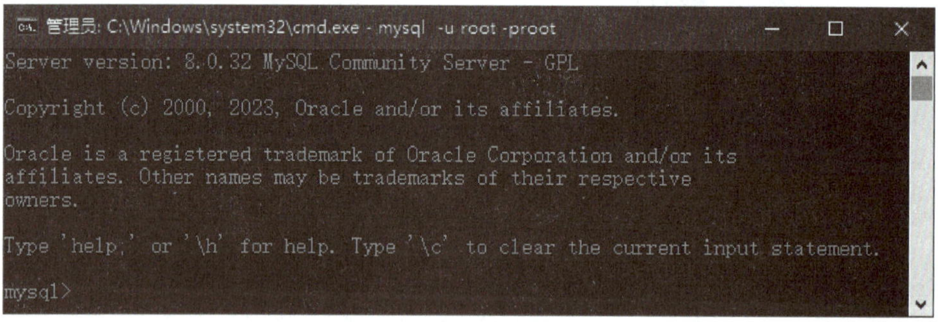

图 1-25　DOS 命令行窗口

方法 3：远程登录，上述使用的命令加上参数“-h 服务器 ip 地址”即可。例如：

```
mysql -h 192.168.226.18 -u root -proot
```

任务要求：

要求撰写实训总结，把完成任务过程中主要操作、命令及关键步骤的截图，遇到的问题与解决方法、未解决或需要进一步探讨的问题，以及任务实践过程中的收获和经验教训写入总结并提交（实训报告见附录）。

拓展阅读 大数据 + 民生，改变生活，提升幸福感

要运用大数据促进保障和改善民生。大数据在保障和改善民生方面大有作为。

要坚持以人民为中心的发展思想，推进“互联网 + 教育”“互联网 + 医疗”“互联网 + 文化”等，让百姓少跑腿、数据多跑路，不断提升公共服务均等化、普惠化、便捷化水平。

要坚持问题导向，抓住民生领域的突出矛盾和问题，强化民生服务，弥补民生短板，推进教育、就业、社保、医药卫生、住房、交通等领域大数据普及应用，深度开发各类便民应用。

要加强精准扶贫、生态环境领域的大数据运用，为打赢脱贫攻坚战助力，为加快改善生态环境助力。

——2017 年 12 月 8 日，习近平在中共中央政治局第二次集体学习时指出

模块 2

数据库基础开发

知识导图

- 模块 2 数据库基础开发
  - 任务 2.1　数据库的创建与数据表的开发
    - 创建、查看、选定并使用、修改、删除数据库
    - 创建数据表
    - 查看表和表的结构
    - 修改表（重命名、增加、删除、修改）
    - 复制表、删除表
  - 任务 2.2　数据的操作
    - 插入数据
    - 修改数据
    - 删除数据

任务 2.1 数据库的创建与数据表的开发

任务目标

◎ 知识目标	1. 了解数据库、数据表的概念 2. 掌握创建数据库、数据表的命令和方法 3. 掌握管理数据库、数据表的命令和方法
◎ 技能目标	1. 能创建、查看、使用、修改、删除数据库 2. 能创建、查看、修改、删除数据表
◎ 素养目标	1. 提高团队协作能力 2. 养成精益求精的工匠精神 3. 养成规范化的操作意识

任务书

任务	任务 2.1　数据库的创建与数据表的开发	所属模块	模块 2　数据库基础开发
任务描述	创建数据库 jxgl 与 rsgl。根据要求在 jxgl 中创建表：student（学生表）、course（课程表）、score（成绩表）、department（院系表）、teacher（教师表）和 teach（授课表）。		
学习产品	jxgl、rsgl 数据库与 student 等数据表		
学习要求	1. 预习 （1）如何创建数据库 （2）如何查看数据库 （3）如何选定并使用数据库 （4）如何修改数据库 （5）如何删除数据库 （6）如何创建数据表 （7）如何查看数据表，如何查看数据表结构 （8）如何修改数据表（增加或删减列、重命名列或表） （9）如何删除数据表 2. 掌握 （1）创建数据库、数据表 （2）管理数据库、数据表		

知识储备

知识微课堂：
创建数据库

2.1.1　创建数据库

使用 create database 或 create schema 命令创建数据库，基本语法格式如下：

```
create {database | schema} [if not exists] db_name
[character set charset_name]
[collate collation_name]
```

▶ 提示：

（1）character set 指定字符编码方式，称为字符集，charset_name 为字符集名称；

（2）collate 设置字符校对规则，collation_name 为校对规则名称；

（3）语句中的“[ ]”内为可选项，竖线“|”表示选择项，在选择项中仅需选择其中一项。

详细的语法说明可通过执行下列帮助命令进行查看：

```
mysql> help create database
```

【例 2-1】创建数据库 test1。

SQL 语句如下：

```
mysql> create database test1;
```

上述任务会创建一个使用默认配置的数据库，如果该数据库已存在，则会输出如下错误信息：

```
ERROR 1007 (HY000): Can't create database ' test1 ' ; database exists
```

上述信息表示数据库 test1 已存在，无法重复创建。如果希望在数据库已存在的情况下忽略本次操作并不报错，而在数据库不存在的情况下执行创建，则可以添加 if not exists 关键字实现该目的，命令如下：

```
mysql> create database if not exists test1;
```

【例 2-2】创建数据库 test2，并指定字符集为 gb2312。

SQL 语句如下：

```
mysql> create database test2
    -> character set gb2312
    -> collate gb2312_chinese_ci;
```

在上述创建数据库的任务中，不仅指定了字符集，而且指定了校对规则。每种字符集都有对应的默认校对规则，可通过 show character set 命令查看，以下仅展示了部分结果：

```
mysql> show character set;
+-----------+------------------------------+------------------------+-----------+
| Charset   | Description                  | Default collation      | Maxlen  |
+-----------+------------------------------+------------------------+-----------+
| gb2312    | GB2312 Simplified Chinese    | gb2312_chinese_ci      |        2 |
| gbk       | GBK Simplified Chinese       | gbk_chinese_ci         |        2 |
| utf8mb4   | UTF-8 Unicode                | utf8mb4_0900_ai_ci|        4 |
+-----------+------------------------------+------------------------+-----------+
```

这里需要说明两个问题：字符集和校对规则。

（1）什么是字符集？字符集就是字符的编码方式，它规定了字符在数据库中的存储格式，例如占多少空间，支持哪些字符等。从 MySQL 8.0 开始，数据库的默认字符集为 utf8mb4，在该字符模式下，每个字符最多占用 4 个字节。

（2）什么是校对规则？校对就是校验、核对的意思，也就是比较，它指的是某一字符集的字符进行比较的规则。例如 utf8mb4 字符集中的大写 A 和小写 a，在比较的时候需要视为相等，则可以设置字符集校对规则为 utf8mb4_0900_ai_ci，该校对规则在比较的时候不区分大小写；如果需要在 A 与 a 比较的时候视为不相等，则可以设置字符集校对规则为 utf8mb4_0900_as_cs，该校对规则会区分大小写，比较的结果自然不等。

2.1.2 查看数据库

可以使用 show databases 命令，查看已创建的数据库。

【例 2-3】查看 MySQL 中存在的所有数据库。

SQL 语句和执行结果如下：

```
mysql> show databases;
+--------------------------+
| Database                 |
+--------------------------+
| information_schema |
| mysql                    |
| performance_schema |
| sakila                   |
| world                    |
+--------------------------+
```

以上命令仅仅显示数据库的名称，如果需要查看某个数据库的定义，可以使用 show create database 命令。

【例 2-4】查看数据库 test2 的定义。

SQL 语句和执行结果如下：

```
mysql> show create database test2 \G
*************************** 1. row ***************************
Database: test2
Create Database: CREATE DATABASE ` test2 ` /*!40100 default CHARACTER set
gb2312 */ /*!80016 default ENCRYPTION= ' N ' */
```

上述命令最后的“\G”用来格式化输出，方便阅读。

2.1.3 选定并使用数据库

创建完数据库并不表示已选定并可以直接使用，而是必须用 use 命令明确地指定所选择的数据库。

【例 2-5】将当前的数据库切换为 test2。

SQL 语句如下：

```
mysql> use test2;
```

数据库切换完成后，可通过内置函数 database() 查看或验证当前所处的数据库。SQL 语句和执行结果如下：

```
mysql> select database();
+-----------------+
| database()  |
+-----------------+
| test2        |
+-----------------+
```

2.1.4 修改数据库

知识微课堂：修改数据库

数据库创建完成后，如果需要修改数据库的参数，可以使用 alter database 命令，语法格式如下：

```
alter database [db_name]
character set charset_name
[collate collation_name]
```

▶ 提示：

（1）db_name：数据库的名称，如果省略不写，则将修改应用于当前所选定的数据库；如果当前没有选定的数据库，则会报错；不建议省略。

（2）collation_name：校对规则，一般仅需要修改字符集，校对规则使用默认值即可，除非默认校对规则不满足需求。

详细的语法说明可通过执行下列帮助命令进行查看：

```
mysql> help alter database
```

【例 2-6】修改数据库 test2 的字符集为 utf8mb4，校对规则为 utf8mb4_0900_as_cs。

SQL 语句如下：

```
mysql > alter database test2
      -> character set utf8mb4
      -> collate utf8mb4_0900_as_cs;
```

2.1.5 删除数据库

知识微课堂：删除数据库

可以通过使用 drop database 命令删除已经创建的数据库，语法格式如下：

```
drop database [if exists] db_name
```

详细的语法说明可通过执行下列帮助命令进行查看：

```
mysql> help drop database
```

【例 2-7】删除 test1 库。

SQL 语句如下：

```
mysql> drop database test1;
```

上述操作将删除该数据库中所有的数据表，因此，数据库名称务必书写正确。删除数据库的时候，如果希望数据库存在则删除，不存在则忽略，则需要添加 if exists 关键字。

```
mysql> drop database if exists test1;
```

2.1.6 创建数据表

知识微课堂：创建数据表

在讲解数据表的创建之前，我们先看一下表的基本构成，如图 2-1 所示。

从图 2-1 中可以看到，一张表最起码包含三个部分：表名、列名和列值对应的数据类型，对于列值的约束（例如要求学号不同，性别只能是男或者女）是可选的。创建表的语法如下：

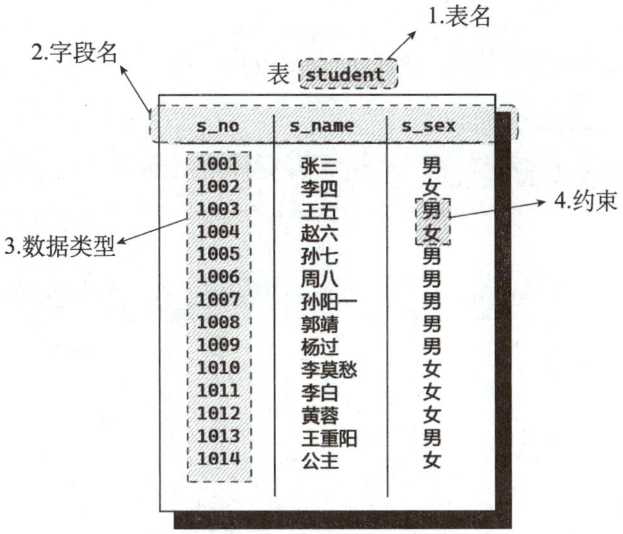

图 2-1 表的基本构成

```
create table tbl_name
(
    col_name data_type [ 列级约束 ],
    col_name data_type [ 列级约束 ],
    …
    col_name data_type [ 列级约束 ]
    [, 表级约束 ]
);
```

针对上述语法作如下说明：

（1）tbl_name 为表名，在同一个数据库中需要确保唯一性，一般由字母、数字、下划线组成，不能以数字开头，且建议小写，当然也可以使用汉字命名。

（2）col_name 为列名，命名规范和表名相同。

（3）data_type 为数据类型，主要包括数值类型、字符类型、时间和日期类型等。

（4）约束包括列级约束和表级约束。约束的类型主要包括如下几种：

- 非空约束（not null）：表示字段不能为空值，默认可为空。
- 唯一性约束（unique）：表示字段的值必须唯一，允许为空，但有且仅有一个空值。
- 主键约束（primary key）：用来唯一标识每行记录，相当于 not null + unique 的约束。
- 检查约束（check）：针对字段值设置需要满足的条件。
- 默认值（default）：当没有为字段插入值时，使用默认值，null 可视为一种默认值。
- 自增长（auto_increment）：只有整数型类型才能设置此属性，默认从 1 开始，每个表只能有一个自增列。

详细的语法说明可通过执行下列帮助命令进行查看：

```
mysql> help create table
```

【例 2-8】创建教师表 teacher，结构见表 2-1。

表 2-1　teacher 结构

字段名	数据类型	长度	空值	主键 / 外键	备注
t_no	char	6	N	主键	教师编号
t_name	varchar	20	Y		教师姓名
d_no	char	4	Y		院系编号

SQL 语句如下：

```
mysql  > create table if not exists teacher
        -> (
        ->   t_no        char(6) primary key comment ' 教师编号 ',
        ->   t_name      varchar(20)         comment ' 教师姓名 ',
        ->   d_no        char(4)             comment ' 院系编号 '
        -> );
```

▶ 提示：

（1）char 和 varchar 都用来表示字符串类型，那这两者有何区别，应该如何选择？

这两者的区别通过图 2-2 可以看出，对于 char(8) 和 varchar(8) 两种类型，在存储相同内容 'abcd' 时，实际占用的空间 char(8) 固定为 8 个字符，而 varchar(8) 则需要 4 个字符（实际是 4 个字符 +1 个字节）。基于上述区别，在选用类型时如果需要存储的字符长度相对固定，可以选择 char 类型，而如果字符长度无法确定或者变化较大，则建议选择 varchar 类型。

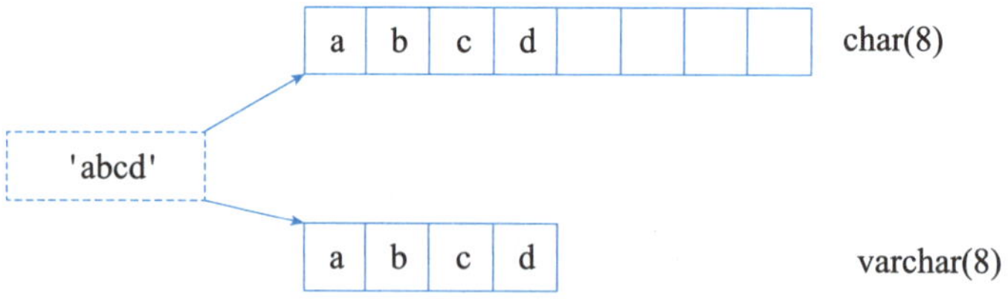

图 2-2　char 与 varchar 的区别

那么，varchar 可设置的长度是否是无限制的呢？我们看下面的例子：

```
mysql> create table t
      -> (
      ->      t varchar(20000)
      -> );
```

```
    ERROR 1074 (42000): Column length too big for column ' t ' (max = 16383); use
BLOB or TEXT instead
```

上述设置 t 的类型为 varchar(20000) 时报错了，提示超过允许最大设置值 16 383，为什么会有这样的限制呢?

为了记录 varchar 真实存储的字节数，需要额外的空间存储这个数值，在实际中，最多分配 2 个字节的空间去记录长度，2 个字节可标识的最大值是 $2^{16}-1$，即 65 535。utf8mb4 字符集单个字符最大占用 4 个字节，65 535/4 = 16 383.75，因此，varchar 允许设置的最大长度为 16 383 个字符，再多就记录不了了，这就是 varchar(20000) 报错的原因了。

（2）如何设置主键 primary key？

主键约束是一个单独的列或者多个列的组合，其值能唯一地标识表中的一行记录，一张表最多有一个主键，primary key 用来设置字段为主键，如表 2-1 中 t_no 字段被设置为主键。也可以在表定义的最后通过表级约束方式设置主键，如下所示，primary key (t_no) 表示将 t_no 字段定义为主键：

```
mysql> create table if not exists teacher
    -> (
    -> t_no      char(6)          comment '教师编号',
    -> t_name    varchar(20)      comment '教师姓名',
    -> d_no      char(4)          comment '院系编号',
    -> primary key(t_no)
    -> );
```

注意：将字段设置为 primary key 后，该字段默认非空且唯一，意味着主键字段不需要额外设置非空和唯一性约束。

【例 2-9】创建院系表 department，结构见表 2-2。

表 2-2 department 结构

字段名	数据类型	长度	空值	主键 / 外键	是否唯一	备注
d_no	char	4	N	主键	Y	院系编号
d_name	varchar	20	N		Y	院系名称

SQL 语句如下：

```
mysql> create table if not exists department
    -> (
    -> d_no      char(4) primary key          comment '院系编号',
    -> d_name    varchar(20) not null unique comment '院系名称'
    -> );
```

▶ 提示：

（1）unique 表示字段值必须唯一，不允许出现重复值，不过可以为 null。同 primary key 一样，unique 也可以定义表级约束，如下所示，将 d_name 设置为唯一性约束：

```
mysql> create table if not exists department
    -> (
    ->  d_no        char(4) primary key       comment ' 院系编号 ',
    ->  d_name      varchar(20) not null      comment ' 院系名称 ',
    ->  unique(d_name)
    -> );
```

（2）not null 表示字段值不得为空，需要注意，非空约束（not null）只能定义列级别约束。

【例 2-10】创建课程表 course，其结构见表 2-3。

表 2-3　course 结构

字段名	数据类型	长度	空值	主键 / 外键	默认值	备注
c_no	char	4	N	主键		课程号
c_name	varchar	20	N			课程名
c_period	tinyint unsigned		N			学时
c_credit	tinyint unsigned		N			学分
c_type	enum		Y		必修课	课程类型

SQL 语句如下：

```
mysql> create table if not exists course
    -> (
    ->  c_no      char(4)            primary key    comment ' 课程号 ',
    ->  c_name    varchar(20)        not null       comment ' 课程名 ',
    ->  c_period  tinyint unsigned   not null       comment ' 学时 ',
    ->  c_credit  tinyint unsigned   not null       comment ' 学分 ',
    ->  c_type    enum( ' 必修课 ' , ' 选修课 ' ) default ' 必修课 ' comment '
课程类型 '
    -> );
```

▶ 提示：

（1）tinyint 为整数类型，占用 1B 内存，表示的范围为 [-128，127]，可以添加无符号 unsigned 修饰，此时只能表示 ≥ 0 的值，可表示的范围变为 [0，255]，如图 2-3 所示。

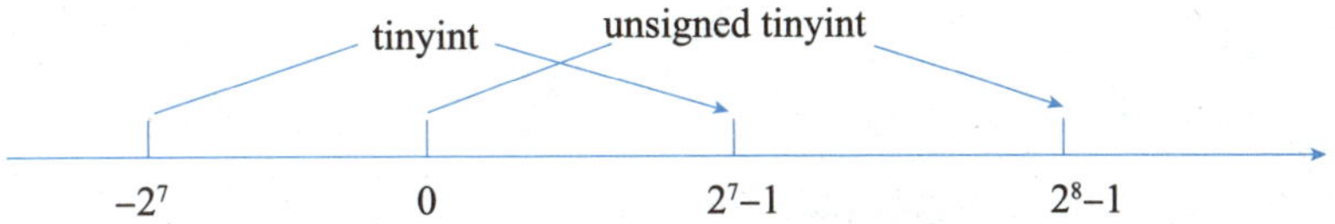

图 2-3 无符号与有符号整数的区别

何时需要 unsigned？当确定字段值不应该或不可能为负值时，此时就需要 unsigned 修饰，如在例 2-10 中，学时和学分两个字段正常不存在负值，因而需要用 unsigned 修饰以避免存入负值。除了 tinyint 之外，还有其他几种整数类型，见表 2-4。

表 2-4 整数类型

类型名称	内存大小	有符号	无符号
tinyint	1B	-2^7~2^7-1	0~2^8-1
smallint	2B	-2^{15}~$2^{15}-1$	0~$2^{16}-1$
mediumint	3B	-2^{23}~$2^{23}-1$	0~$2^{24}-1$
int	4B	-2^{31}~$2^{31}-1$	0~$2^{32}-1$
bigint	8B	-2^{63}~$2^{63}-1$	0~$2^{64}-1$

（2）enum 为枚举类型，使用方式为“enum（数据值 1, 数据值 2…）”，主要用来限制字段可设置的值，如上述示例中 c_type 字段，只能设置为“必修课”或者“选修课”，其他都是非法值。

（3）默认值约束的设置方式为“default 默认值”，上述任务中的中 c_type 列默认值为“必修课”。在表中插入一条新记录时，如果没有为 c_type 字段显示赋值，系统将自动为该字段赋值为“必修课”。

【例 2-11】创建学生表 student，其结构见表 2-5。

表 2-5 student 结构

字段名	数据类型	长度	空值	主键 / 外键	默认值	备注
s_no	char	6	N	主键		学号
s_name	varchar	20	N			姓名
s_sex	enum		N		男	性别
s_birth	date		N			出生日期
s_address	varchar	50	N			家庭地址
s_phone	char	11	Y			联系电话
s_photo	blob		Y			照片
d_no	char	4	Y			院系编号

SQL 语句如下：

```
mysql> create table if not exists student
```

```
-> (
->   s_no       char(6)        primary key    comment '学号',
->   s_name     varchar(20)    not null       comment '姓名',
->   s_sex      enum('男','女') not null default '男' comment '性别',
->   s_birth    date           not null       comment '出生日期',
->   s_address  varchar(50)    not null       comment '家庭地址',
->   s_phone    char(11)                      comment '联系电话',
->   s_photo    blob                          comment '照片',
->   d_no       char(4)                       comment '院系编号'
-> );
```

▶ 提示：

（1）date 为日期数据类型，格式为 YYYY-MM-DD；如果只需要存储年份，则可以使用 year 数据类型；如果需要存储时间，则可以使用 time 数据类型；当同时需要日期和时间的时候，则可以使用 datetime 数据类型，如图 2-4 所示。

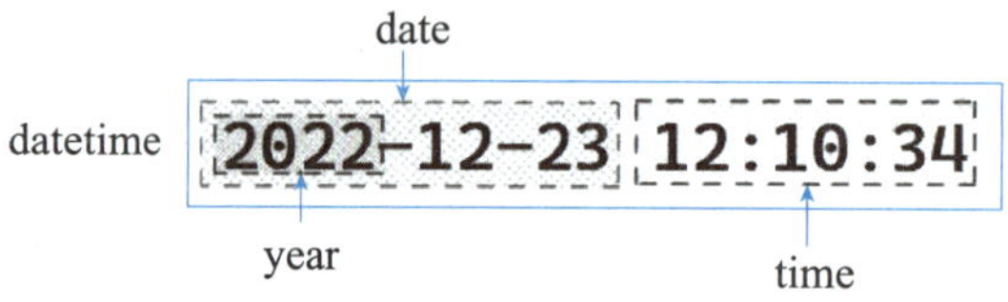

图 2-4　日期和时间类型

（2）blob 为二进制数据类型，通常用来存储图片、文档、音频等，取值范围在 0~65 535 字节。

【例 2-12】创建成绩表 score，结构见表 2-6。

表 2-6　score 结构

字段名	数据类型	长度	空值	主键	小数位数	备注
s_no	char	4	N	主键		学号
c_no	char	4	N	主键		课程号
mark	decimal		Y		1	成绩

SQL 语句如下：

```
mysql> create table if not exists score
    -> (
    -> s_no      char(4)        not null     comment '学号',
    -> c_no      char(4)        not null     comment '课程号',
    -> mark      decimal(4 , 1)              comment '成绩',
    -> primary key (s_no , c_no)
    -> );
```

▶ 提示：

decimal(m,d) 为定点数据类型，其中 m 为精度，表示总共的位数；d 为标度，表示小数的位数，如图 2-5 所示。

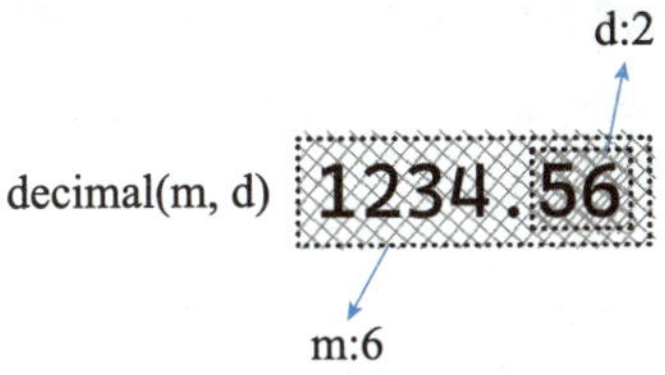

图 2-5　定点数据类型实例

decimal 类型的数据实际上是以字符串的形式存放的，decimal 有效的取值范围由 m 和 d 决定。如果改变 m 而固定 d，则取值范围将随 m 的变大而变大。

【例 2-13】创建授课表 teach，结构见表 2-7。

表 2-7　teach 结构

字段名	数据类型	长度	空值	主键 / 外键	其他	备注
id	int unsigned		N	主键	自增	标识
t_no	char	8	N			教师编号
c_no	char	4	Y			课程编号

MySQL 语句如下：

```
mysql> create table if not exists teach
    -> (
    ->    id   int unsigned primary key auto_increment comment '标识',
    ->    t_no      char(8)  not null                  comment '教师编号',
    ->    c_no      char(4)                            comment '课程编号'
    -> );
```

▶ 提示：

auto_increment 表示自动增量，为新的行产生唯一的标识，一个整数列可以拥有一个附加属性 auto_increment。auto_increment 序列一般从 1 开始，也可以自定义开始值。注意，自增列必须被定义为一种整数类型，且该列必须设置为主键。

2.1.7　查看表和表的结构

创建了数据表后，可以使用 show tables 查询已创建的表的情况。

【例 2-14】查询已创建的表。

SQL 语句和执行结果如下：

```
mysql> show tables;
```

```
+--------------------+
| Tables_in_db       |
+--------------------+
| course             |
| department         |
| score              |
| student            |
| teach              |
| teacher            |
+--------------------+
```

show tables 命令只能查看指定数据库所有的表名，如果需要查看某表的结构，可通过 desc 命令实现。

【例 2–15】查看 teacher 表的结构。

SQL 语句和执行结果如下：

```
mysql> desc teacher;
+-----------+--------------+------+-----+---------+--------+
| Field     | Type         | Null | Key | Default | Extra  |
+-----------+--------------+------+-----+---------+--------+
| t_no      | char(8)      | NO   | PRI | NULL    |        |
| t_name    | varchar(20)  | YES  |     | NULL    |        |
| d_no      | char(4)      | YES  |     | NULL    |        |
+-----------+--------------+------+-----+---------+--------+
```

▶ 提示：

（1）Field：表示数据表中字段的名称，即列的名称。

（2）Type：表示该列能够存储的数据类型。

（3）Null：该列是否允许为空。

（4）Key：该列设置的索引，PRI 表示该列是主键的一部分；UNI 表示该列是唯一性索引的一部分；MUL 表示该列允许某个值出现多次。

（5）Default：表示该列对应的默认值。

（6）Extra：表示该列的附加信息，如自增 auto_increment。

如果需要查看表的定义，可通过 show create table 命令查看。

【例 2–16】查看 teacher 表的定义。

SQL 语句和执行结果如下：

```
mysql> show create table teacher \G
*************************** 1. row ***************************
       Table: teacher
```

```
Create Table: CREATE TABLE `teacher` (
  `t_no` char(8) NOT null COMMENT '教师编号',
  `t_name` varchar(20) DEFAULT null COMMENT '教师姓名',
  `d_no` char(4) DEFAULT null COMMENT '院系编号',
  PRIMARY KEY (`t_no`)
) ENGINE=InnoDB DEFAULT CHARset=utf8mb4 COLLATE=utf8mb4_0900_ai_ci
```

注意：show create table teacher \G 命令后不用加分号“;”，否则会提示如下错误：

```
ERROR:
No query specified
```

2.1.8 修改表（重命名、增加、删除、修改）

alter table 命令用于更改原有表的结构，包含重命名、增加、删除、修改等操作。

知识微课堂：修改表

1. 重命名（rename）

（1）重命名表名。

```
alter table 表名 rename [to|as] 新表名；
```

【例 2-17】将 student 表重名为 student_new。

SQL 语句如下：

```
mysql> alter table student rename student_new;
```

▶ 提示：

例 2-17 验证后将 student_new 表名改回 student，供后面任务使用。

（2）重命名字段名。

```
alter table 表名 rename column 旧列名 to 新列名；
```

【例 2-18】将 student 表中的 s_birth 字段重命名为 s_s_birth。

SQL 语句如下：

```
mysql> alter table student rename column s_birth to s_s_birth;
```

▶ 提示：

例 2-18 验证后将 s_s_birth 列名改回 s_birth，供后面任务使用。

2. 增加（add）

（1）增加字段。

```
alter table 表名 add 新字段名 数据类型 [约束] [first | after 字段名];
```

【例 2-19】给 student 表的 s_sex 列后增加一列“入学日期”，并定义其默认值为“2024-9-1”。

SQL 语句如下：

```
mysql> alter table student
    -> add 入学日期 date not null default ' 2024-9-1 ' after s_sex;
```

（2）增加表级约束。

```
alter table 表名 add 约束 ;
```

▶ 提示：

此处添加的约束为表级约束；约束主要包括 primary key、unique、references、check 等。

【例 2-20】为表 teach 的 t_no 字段添加外键，参考表 teacher 的 t_no 字段。

SQL 语句如下：

```
mysql> alter table teach add foreign key(t_no) references teacher(t_no);
```

【例 2-21】为 score 表中的 mark 字段添加检查约束（$0 \leqslant mark \leqslant 100$）。

SQL 语句如下：

```
mysql> alter table score add check(mark between 0 and 100);
```

注意：MySQL 从 8.0 开始支持 check 约束，插入 score 中的 mark 值必须在区间 [0, 100] 内。

3. 删除（drop）

（1）删除字段。

```
alter table 表名 drop column 列名 ;
```

【例 2-22】删除 student 表中的“入学日期”字段。

SQL 语句如下：

```
mysql> alter table student drop column 入学日期 ;
```

（2）删除约束。

```
alter table 表名 drop 约束 ;
```

▶ 提示：

删除不同类型的“约束”表示方式如下：

- 删除主键：drop primary key。
- 删除外键：drop foreign key 约束名。
- 删除 check：drop check 约束名。

● 删除唯一性：drop index 名称。

以上涉及的名称可以通过查看表的定义（命令：show create table 表名 \G）获取。

【例 2-23】删除 score 表中的 check 约束。

第一步：通过 show create table 命令查看约束名称：

```
mysql> show create table score \G
*************************** 1. row ***************************
       Table: score
Create Table: CREATE TABLE ` score ` (
  ` s_no ` char(4) NOT null COMMENT ' 学号 ',
  ` c_no ` char(4) NOT null COMMENT ' 课程号 ',
  ` mark ` decimal(4,1) DEFAULT null COMMENT ' 成绩 ',
  PRIMARY KEY ( ` s_no ` , ` c_no ` ),
  KEY ` c_no ` ( ` c_no ` ),
  CONSTRAINT `score_chk_1` CHECK ((`mark` between 0 and 100))
) ENGINE=InnoDB DEFAULT CHARset=utf8mb4 COLLATE=utf8mb4_0900_ai_ci
```

第二步：查询到约束的名称为 score_chk_1，通过该名称删除约束：

```
mysql> alter table score drop check score_chk_1;
```

4. 修改（modify）

```
alter table 表名 modify 列名 数据类型 [ 列约束 ] [ first | after 列名 ];
```

【例 2-24】修改 student 表的 s_sex 列的默认值为女。

SQL 语句如下：

```
mysql> alter table student modify s_sex enum( ' 男 ' , ' 女 ' ) default ' 女 ' ;
```

【例 2-25】修改 student 表中字段 s_no 的数据类型为 char(8)。

SQL 语句如下：

```
mysql> alter table student modify s_no char(8);
```

2.1.9 复制表

可以通过 create table 命令复制表的结构和数据，语法格式如下：

```
create table [if not exists] tbl_name
{like old_tbl_name | as select_statement}
```

▶ 提示：

（1）使用 like 关键字，表示复制表的结构但不复制数据。

（2）使用 as 关键字，表示复制表的结构的同时也复制了数据。

【例 2-26】基于 teacher 表创建 teacher_new 表，其结构和 teacher 表相同。

SQL 语句如下：

```
mysql> create table teacher_new like teacher;
```

【例 2-27】基于 teacher 表创建 teacher_copy 表，其结构和数据与 teacher 表相同。

SQL 语句如下：

```
mysql> create table teacher_copy as select * from teacher;
```

分别使用 desc 和 select 命令查看 teacher_new 表和 teacher_copy 表，研究两者的异同。

2.1.10 删除表

如果表不合适或不需要了，可以用 drop table 命令删除已存在的表。

```
drop table [if exists] 表 1, 表 2,...;
```

▶ 提示：

一次性删除多张表时，表与表之间通过逗号（,）分隔。

【例 2-28】删除表 teacher_new 和 teacher_copy。

SQL 语句如下：

```
mysql> drop table if exists teacher_new, teacher_copy;
```

任务实施

工作任务：

创建人事管理系统（rsgl）数据库，在这个数据库中设计 3 张表：department（部门信息）表、employee（员工信息）表、salary（工资）表，表结构见表 2-8、表 2-9 和表 2-10。

表 2-8 department（部门信息）结构

```
+--------+---------+-----+----+--------+------+
| Field  | Type       | Null | Key | Default | Extra |
+--------+---------+-----+----+--------+------+
| d_id   | varchar(6) | NO   | PRI | NULL    |       |
| d_name | varchar(8) | NO   |     | NULL    |       |
+--------+---------+-----+----+--------+------+
```

表 2-9 employee（员工信息）结构

Field	Type	Null	Key	Default	Extra
e_id	varchar(8)	NO	PRI	NULL	
e_name	varchar(8)	NO		NULL	
sex	varchar(2)	NO		NULL	
professional	varchar(6)	NO		NULL	
education	varchar(8)	NO		NULL	
political	varchar(8)	NO		NULL	
birth	date	NO		NULL	
marry	varchar(8)	NO		NULL	
gz_time	date	NO		NULL	
d_id	varchar(4)	NO		NULL	
bz	varchar(2)	NO		是	

表 2-10 salary（工资）结构

Field	Type	Null	Key	Default	Extra
e_id	varchar(10)	NO	PRI	NULL	
base	float(6,2)	NO		NULL	
bonus	float(6,2)	NO		NULL	
stipend	float(6,2)	NO		NULL	
fund	float(6,2)	NO		NULL	
tax	float(6,2)	NO		NULL	
other	float(6,2)	NO		NULL	

任务要求：

参考 jxgl 数据库及表的建立操作，完成上述操作，写出创建这 3 张表的 SQL 语句，在创建完成后，用 desc 命令查看并检验是否正确。

要求撰写实训报告，把完成任务过程中主要操作、命令及关键步骤的截图，遇到的问题与解决方法、未解决或需要进一步探讨的问题，以及任务实践过程中的收获和经验教训写入报告并提交（实训报告见附录）。

任务 2.2 数据的操作

任务目标

◎ 知识目标	1. 掌握插入 insert into 的语法 2. 了解 replace into、load data infile 的语法 3. 掌握 update...set... 的语法 4. 掌握 delete 的语法
◎ 技能目标	1. 能管理数据表数据 2. 能插入、修改、删除数据
◎ 素养目标	1. 养成分析问题、解决问题的能力 2. 养成查阅资料、信息处理的能力 3. 养成高工作效率意识

任务书

任务	任务 2.2　数据的操作	所属模块	模块 2　数据库基础开发
任务描述	对数据库 jxgl 中的 student（学生表）、course（课程表）、score（成绩表）、department（院系表）、teacher（教师表）和 teach（授课表）6 张表进行增、删、改操作。		
学习产品	实现增、删、改操作的实训报告（见附录）		
学习要求	1. 预习 （1）insert into 命令 （2）replace into、load date infile 命令 （3）update...set... 命令 （4）delete 命令 2. 掌握 （1）插入数据 （2）修改数据 （3）删除数据		

知识储备

知识微课堂：插入数据

2.2.1　插入数据

插入数据的方法很多，可以通过 insert into、replace into 等命令语句插入，也可以使用 load data infile 方式将保存在文本文件中的数据插入至指定的表中。使用命令语句时可以一次插入一行数据，也可以一次插入多行数据。

1. 插入单行数据

```
insert into table_name(col1, col2, ...)
values(val1, val2, ...);
```

▶ **提示：**

值 val1, val2, ... 需要与字段 col1, col2, ... 数量相同，且数据类型能够兼容。

【例 2-29】向 student 表中插入如下数据：

s_no	s_name	s_sex	s_birth	d_no	s_address	s_phone	s_photo
132001	李平	女	2001-02-01	D001	南京路 1 号	NULL	NULL

SQL 语句如下：

```
mysql> insert into student(s_no, s_name, s_sex, s_birth, d_no, s_address, s_phone, s_photo)
    -> values('132001','李平','女','2001-02-01','D001','南京路1号',null, null);
```

如果 values 值列表与表中的字段顺序完全一致，可以省略字段列表，因此上面的语句也可以简写成：

```
mysql> insert into student
    -> values('132001','李平','女','2001-02-01','D001','南京路1号',null, null);
```

如果允许某个字段为空或者定义了默认值，在插入数据时可以不指定该字段的值，此时会插入 null 或者默认值：

```
mysql> insert into student(s_no, s_name, s_birth, s_address, d_no)
    -> values('132001','李平','2001-02-01','南京路 1 号','D001');
```

s_sex 列插入默认值“女”，s_photo 列和 s_phone 列插入 null。

【例 2-30】再次用 insert into 语句向 student 表中插入与主键相同的数据。

SQL 语句和执行结果如下：

```
    mysql> insert into student(s_no,s_name,s_sex,s_birth,s_address,s_phone,s_
photo,d_no)
        -> values( '132001 ', ' 李平 ', ' 女 ', '2023-02-01 ', ' 南京路 3 号 ',
null,null, ' D001 ' );
    ERROR 1062 (23000): Duplicate entry ' 132001 ' for key ' student.PRIMARY '
```

由于 student 表中已经有学号为 132001 的学生记录，因此将出现主键重复错误，如果希望主键不重复时插入记录，重复时忽略插入操作并且不报错，则可以使用关键字 ignore：

```
    mysql> insert ignore into student(s_no, s_name, s_sex, s_birth, s_address, s_
phone, s_photo, d_no)
        -> values( '132001 ', '李平 ', '女 ', '2023-02-01 ', '南京路 3 号 ', null,
null, ' D001 ' );
```

2. 插入多行数据

```
    insert into table_name(col1, col2, ...)
    values(val1, val2, ...),
          (val1, val2, ...),
          ...;
```

▶ 提示：

多条记录之间用逗号（，）分隔。

【例 2-31】一次性向 student 表中插入下列 2 行数据：

```
+------+------+-----+----------+----------+------+------+-----+
| s_no   | s_name | s_sex  | s_birth      | s_address    | s_phone | s_photo | d_no  |
+------+------+-----+----------+----------+------+------+-----+
| 132002 | 叶明   | 女     | 2001-05-02| 学院路 1 号 | NULL    | NULL    | D003  |
| 132003 | 张天   | 男     | 2000-02-09| 文明路 6 号 | NULL    | NULL    | D001  |
+------+------+-----+----------+----------+------+------+-----+
```

SQL 语句如下：

```
    mysql> insert into student(s_no, s_name, s_sex, s_birth, s_address, s_phone,
s_photo, d_no)
        -> values( '132002 ', '叶明 ', '女 ', '2001-05-02 ', '学院路 1 号 ', null,
null, ' D003 ' ),
        ->         ( '132003 ', '张天 ', '男 ', '2000-02-09 ', ' '文明路 6 号 ', null,
null, ' D001 ' );
```

3. 插入查询数据

```
insert into table_name(col1, col2, ...)
select col1, col2, ...;
```

▶ **提示：**

select 子句可以包含分组、排序、连接查询、子查询等操作。该部分内容将在模块 3 进行讲述。

【例 2-32】现有表 student_new 结构如下所示，请将 student 表中对应数据插入 student_new 表中。

```
+---------+-----------------+------+----+------+-----+
| Field   | Type            | Null | Key | Default | Extra |
+---------+-----------------+------+----+------+-----+
| s_no    | char(8)         | NO   | PRI | NULL |       |
| s_name  | varchar(20)     | YES  |     | NULL |       |
| s_sex   | enum('男','女')  | YES  |     | 女   |       |
| s_birth | date            | NO   |     | NULL |       |
| d_no    | char(4)         | YES  |     | NULL |       |
+---------+-----------------+------+----+------+-----+
```

首先，创建 student_new 表：

```
mysql> create table student_new
    -> (
    ->     s_no char(8) primary key,
    ->     s_name varchar(20),
    ->     s_sex enum('男','女') default '女',
    ->     s_birth date not null,
    ->     d_no char(4)
    -> );
```

其次，将 student 表中对应字段的数据插入 student_new 表：

```
mysql> insert into student_new(s_no, s_name, s_sex, s_birth, d_no)
    -> select s_no, s_name, s_sex, s_birth, d_no from student;
```

注意：并不需要 student_new 的字段名和 select 查询中的字段名相同，但需要个数一样，且数据类型相兼容。

4. 插入重复数据

当插入与主键相同的记录时默认会报错，插入失败，而有时我们希望当插入的数据违反主键约束时，执行更新操作替换原表中的数据，此时可通过 insert...on duplicate key update 或 replace 语句实现。

（1）insert ... on duplicate key update。

```
insert into table_name(col1, col2, ...)
values (val1, val2, ...)
on duplicate key update assignment_list;
```

▶ 提示：

insert ... on duplicate key update 可用于同时实现插入和更新操作。当插入的数据违反主键约束时，将会执行更新操作（assignment_list），替换原表中的数据。

【例 2-33】向 student 表中插入如下数据，若数据存在，更新 s_birth 为“2023-03-02”。

s_no	s_name	s_sex	s_birth	s_address	s_phone	s_photo	d_no
122001	张群	男	2000-02-01	文明路 8 号	NULL	NULL	D001

SQL 语句如下：

```
mysql> insert into student(s_no, s_name, s_sex, s_birth, s_address, s_phone,
s_photo, d_no)
    -> values( ' 122001 ' , ' 张群 ' , ' 男 ' , ' 2000-02-01 ' , ' 文明路 8 号 ' , null,
null, ' D001 ' )
    -> on duplicate key update s_birth= ' 2023-03-02 ' ;
```

（2）replace。

```
replace into table_name(col1, col2, ...)
    values (val1, val2, ...);
```

▶ 提示：

replace 语句会尝试插入数据，如果违反了主键约束就会删除原表中的数据，并插入一条新记录。

【例 2-34】向 student 表中插入如下数据，若数据不存在，直接插入，若存在，更新为待插入的数据。

s_no	s_name	s_sex	s_birth	s_address	s_phone	s_photo	d_no
122001	张群	男	1991-02-01	文明路 13 号	NULL	NULL	D002

SQL 语句如下：

```
mysql> replace into student(s_no, s_name, s_sex, s_birth, s_address, s_phone, s_photo, d_no)
    -> values('122001','张群','男','1991-02-01','文明路 13 号', null, null,'D002');
```

5. 插入图片数据

MySQL 还支持图片的存储。图片一般以路径的形式来存储，即采用直接插入图片的存储路径。当然，也可以直接插入图片本身，用 load_file( ) 函数即可。

【例 2-35】向 student 表中插入如下一行数据。

122110，程明，男，2001-02-01，D001，北京路 123 号，02066635425，picture.jpg

其中，照片路径为“D:\IMAGE\ picture.jpg”。

（1）以路径形式存储图片的 SQL 语句如下：

```
mysql>insert into student values('122110','程明','男','2001-02-01','D001','北京路 123 号','02066635425','D:\IMAGE\picture.jpg');
```

（2）直接存储图片的 SQL 语句如下：

```
mysql>insert into student values('122110','程明','男','2001-02-01','D001','北京路 123','02066635425', load_file('D:\IMAGE\picture.jpg'));
```

▶ 提示：

（1）存放图片的字段要使用 blob 类型。blob 是专门存储二进制文件的类型，有大小之分，例如 mediumblob、longblob 等，用于存储大小不同的二进制文件，一般的图形文件使用 mediumblob 就足够了。

（2）插入图片文件路径的办法要比直接插入图片好。图片如果很小的话，可以存入数据库，但是如果图片大的话，保存或读取速度会很慢，不如直接将图片存入指定的文件夹，然后把文件路径和文件名存入数据库。

2.2.2 修改数据

知识微课堂：
更新数据

用 update ... set ... 命令对表中的数据进行修改。可以修改一个表的数据，也可以修改多个表的数据。

1. 单表更新

基本语法格式如下：

```
update tbl_name
set col1=val1, col2=val2, ...
[where where_condition]
[order by ...]
```

```
    [limit row_count]
```

▶ 提示：

（1）只更新一个表中的数据，意味着 set 涉及的字段属于一个表。

（2）对于多个字段的更新，按照从左到右的顺序执行，col1 执行完执行 col2，依次类推。

【例 2-36】将课程 A002 的类型修改为专业基础课程。

```
mysql> update course set c_type= ' 专业基础课 ' where c_no= ' A002 ' ;
```

【例 2-37】将学号为 122001 学生的 A001 课程成绩更新为 90。

```
mysql> update score set mark=90 where s_no= ' 122001 ' and c_no= ' A001 ' ;
```

2. 多表更新（拓展学习）

基本语法格式如下：

```
update table_references
    set col1=val1, col2=val2, ...
    [where where_condition]
```

▶ 提示：

（1）更新多个表中的数据，意味着 set 涉及的字段分属不同的表。

（2）多表更新不支持 order by 和 limit 子句。

（3）多表更新中多个字段的赋值执行顺序是不确定的。

注意：多表更新涉及多表操作，可在任务 3.5 连接查询后学习该部分内容。

【例 2-38】同时更新“聂凤卿”的地址为“人民路 21 号”，MySQL 课程的成绩为 85。

```
mysql> update student st join score sc on st.s_no=sc.s_no
    ->                  join course cs on cs.c_no=sc.c_no
    -> set st.s_s_address= ' 人民路 21 号 ' , sc.mark=85
    -> where st.s_name= ' 聂凤卿 ' and cs.c_name= ' MySQL ' ;
```

2.2.3 删除数据

1. 单表删除

```
delete from tbl_name
    [where where_condition]
    [order by ...]
    [limit row_count]
```

知识微课堂：删除数据

▶ 提示：

（1）只删除满足 where_condition 条件的数据行，没有指定条件将会删除表中的全部数据。

（2）如果指定了 order by 和 limit 子句，则需要按照顺序删除 row_count 行的数据。

（3）数据删除后将不能恢复，因此在执行删除之前对数据做好备份。

【例 2-39】删除女生记录。

SQL 语句如下：

```
mysql>delete from student where s_sex='女';
```

【例 2-40】删除 B001 课程不及格的成绩记录。

SQL 语句如下：

```
mysql>delete from score where c_no='B001' and mark <60;
```

【例 2-41】删除 score 表中分数最低的 3 行记录。

SQL 语句如下：

```
mysql> delete from score order by mark limit 3;
```

delete 语句中没有指定 where 条件，会删除表中的全部数据，如果这是我们想要的，那么建议使用 truncate 语句快速删除所有数据。

【例 2-42】清空 student_new 表中的数据。

SQL 语句如下：

```
mysql> delete from student_new;
```

或者

```
mysql> truncate student_new;
```

使用以上两种方式都能清空表中的数据，但使用 truncate 效率要高得多，在需要清空表中的数据时，建议采用 truncate 方式。

2. 多表删除（拓展学习）

```
delete tbl_name1, tbl_name2, ...
    from table_references
    [where where_condition]
```

或者

```
delete from tbl_name1, tbl_name2, ...
    using table_references
    [where where_condition]
```

▶ 提示：

（1）第一种语法删除 delete 后面表中的数据，第二种语法删除 from 后面表中的数据。

（2）多表删除不支持 order by 和 limit 子句。

注：此部分内容涉及多表连接，可在任务 3.5 连接查询后再来学习该部分内容。

【例 2-43】同时删除“聂风卿”的信息以及相应的课程成绩。

SQL 语句如下：

```
mysql> delete st, sc
    -> from student st join score sc on st.s_no=sc.s_no
    -> where st.s_name= ' 聂风卿 ';
```

或者

```
mysql> delete from st, sc
    -> using student st join score sc on st.s_no = sc.s_no
    -> where st.s_name= ' 聂风卿 ';
```

任务实施

实训 1：

在人事管理数据库 rsgl 中进行如下操作：

（1）用 insert into 语句向 department 表插入以下数据。

(‘A001’，‘ 办公室 ’)， (‘A002’，‘ 人事处 ’)， (‘A003’，‘ 宣传部 ’)，
(‘A004’，‘ 教务处 ’)， (‘A005’，‘ 科技处 ’)， (‘A006’，‘ 后勤处 ’)，
(‘B001’，‘ 信息学院 ’)，(‘B002’，‘ 艺术学院 ’)，(‘B003’，‘ 外语学院 ’)，
(‘B004’，‘ 金融学院 ’)，(‘B005’，‘ 建筑学院 ’);

（2）以文本文件的方式将数据装入数据表 employee，文件放在“D:\MySQL\employee.txt”内。（命令可参考数据恢复）

（3）用 insert into 语句一次性向 salary 表插入如下数据。

(‘100100’，2000.00，4000.00，2266.00，1320.00，300.00，100.00)，
(‘100101’，3000.00，5000.00，2278.00，1460.00，450.00，30.00)，
(‘100102’，2500.00，4500.00，2500.00，1300.00，500.00，52.00)，
(‘100103’，2600.00，4500.00，2300.00，1350.00，600.00，60.00)，
(‘100104’，2400.00，4600.00，2500.00，1200.00，630.00，50.00)，
(‘100105’，2600.00，3500.00，2300.00，1000.00，650.00，60.00)，
(‘100106’，2400.00，4300.00，2600.00，1200.00，300.00，40.00)，
(‘100330’，3500.00，5000.00，2300.00，1500.00，300.00，80.00)，
(‘100331’，4500.00，5600.00，2500.00，1800.00，687.00，60.00)，

('100332', 1800.00, 3600.00, 1500.00, 800.00, 300.00, 60.00);

实训 2:

创建 test 数据库，创建一个 t_student 表，设计表结构满足如下操作，并写出操作语句。

（1）向 t_student 表插入数据：('100101', '李明', '男', '2001', '团员', '足球'), ('100102', '张君', '女', '2002', '群众', '电影')。

（2）查看数据库系统中已经存在的数据库，确保 test 数据库已经存在。

（3）复制 t_student 表的结构和数据，新建为附表 t_student1。

（4）删除 t_student 表数据。

（5）删除 test 数据库。

（6）再次查看数据库系统中已经存在的数据库，确保 test 数据库已经删除。

任务要求:

要求撰写实训报告，把完成任务过程中主要操作、命令及关键步骤的截图，遇到的问题与解决方法、未解决或需要进一步探讨的问题，以及任务实践过程中的收获和经验教训写入报告并提交（实训报告见附录）。

拓展阅读 误删生产数据库引发的"血案"

2018 年 9 月，顺丰科技数据中心的一位高级工程师（邓某）误删生产数据库，导致某项服务无法使用并持续 590 分钟。顺丰公司根据相关规定，辞退工程师邓某，并在顺丰公司内网通报。

据内部通报，邓某错选了 RUSS 数据库，打算删除执行的 SQL 语句。在选定删除时，因邓某操作不严谨，光标回跳到 RUSS 库的实例。邓某在未看清所选内容的情况下，便通过 Delete 执行删除，同时忽略了弹窗提醒，直接回车，导致 RUSS 生产数据库被删掉。

运维工作人员不严谨的操作，导致 OMCS 运营监控管控系统发生故障，该系统临时线上发车功能无法使用并持续了 590 分钟。此次故障导致业务产生了严重的负面影响及巨大的经济损失。

模块3 数据库的查询开发

知识导图

- 模块3 数据库的查询开发
  - 任务3.1 数据表的基本查询
    - 认识select语句
    - 认识where子句
  - 任务3.2 数据表的高级查询
    - 认识group by子句
    - 认识having子句
    - 认识order by子句
    - 认识limit子句
  - 任务3.3 常用函数查询
    - 数学函数
    - 字符串函数
    - 日期和时间函数
  - 任务3.4 case表达式和控制流函数
    - case表达式
    - 控制流函数
  - 任务3.5 连接查询
    - 内连接
    - 左外连接
    - 右外连接
    - 自连接
  - 任务3.6 子查询与集合查询
    - 子查询
    - 集合查询

任务 3.1 数据表的基本查询

任务目标

◎ 知识目标	1. 理解查询的基本构成 2. 熟练掌握 select 语句的基本使用 3. 熟练掌握 where 子句的各种过滤方式
◎ 技能目标	1. 能理解查询的含义 2. 能进行各种目标的查询 3. 能使用多种过滤方式完成指定查询
◎ 素养目标	1. 养成协作配合、沟通交流的职业素养 2. 养成查阅资料和撰写技术报告等信息处理的能力 3. 养成规范化的操作意识

任务书

任务	任务 3.1　数据表的基本查询	所属模块	模块 3　数据库的查询开发
任务描述	从简单的单表查询开始，学习使用查询的基本语法，重点学习 select 语句和 where 子句的使用。通过 select 语句可以完成单字段、多字段、所有字段、别名以及去重等查询；通过 where 子句可以完成简单查询、复合条件查询、范围查询、模糊查询以及 null 判断等。		
学习产品	单数据表的高级查询操作的实训报告（见附录）		
学习要求	1. 预习 （1）学习查询的基本概念和组成 （2）了解 SQL 查询语法的书写顺序 （3）学习如何完成查询目标的设置 （4）学习各种基本的数据过滤设置 2. 掌握 （1）查询的概念 （2）select 语句的基本用法 （3）where 子句		

知识储备

查询数据是对某数据库中的数据表进行查询，得到用户所需的数据信息记录。查询数据是数据库操作中最基础的操作，也是最常用、最重要的操作。用户可以使用不同的查询方式，得到用户所需的数据。

数据库查询主要包含三个问题：

（1）查询的目标是什么，也就是 select 语句指定的内容。

（2）数据从哪里来，这便是 from 语句的作用，包括单表数据和多表连接构成的数据。

（3）对数据进行怎么样的处理，这便是 where、group by、having、order by、limit 等语句的目的。

知识微课堂：select 语句

3.1.1 认识 select 语句

1. 查询指定字段

在 MySQL 中使用 select 语句查询表中数据，基本语法格式如下：

```
select[distinct] col1[as 别名 ], col2[as 别名 ], ...
from tbl_name;
```

【例 3-1】查询学生表 student，获取所有学生的学号、姓名、性别和出生日期。

SQL 语句和执行结果如下：

```
mysql> select s_no, s_name, s_sex, s_birth from student;
+------------------+-----------+--------+----------------+
|  s_no            | s_name  | s_sex  | s_birth        |
+------------------+-----------+--------+----------------+
| 2022181210 | 王强     | 男    | 2000-10-01 |
| 2022181211 | 李梅     | 女    | 2001-06-05 |
| 2022181212 | 孙晓花   | 女    | 2000-11-02 |
| 2022181213 | 王轩     | 男    | 2000-10-05 |
| 2022181214 | 孙萌     | 女    | 2002-09-14 |
| 2022181215 | 刘梦     | 女    | 2001-03-15 |
| 2022181216 | 孙强     | 男    | 2002-01-10 |
| 2022181217 | 孟小小   | 女    | 2002-10-15 |
| 2022181218 | 陈丽丽   | 女    | 2001-08-11 |
| 2022181219 | 陈非     | 男    | 2000-12-10 |
+------------------+-----------+--------+----------------+
```

2. 查询所有字段

【例 3–2】查询学生表 student，获取所有学生的基本信息。

SQL 语句和执行结果如下：

```
mysql> select s_no, s_name, s_sex, s_birth, d_no, s_address, s_phone, s_photo
    -> from student;
+----------+----------+--------+-------------+--------+---------------+-------------+----------+
| s_no   | s_name | s_sex | s_birth     | d_no | s_address     | s_phone     |s_photo |
+----------+----------+--------+-------------+--------+---------------+-------------+----------+
| 122001 | 张群   | 男   | 2000-02-01 | D001 | 上海路8号     |             | NULL   |
| 122002 | 张平   | 男   | 2001-03-02 | D001 | 人民路9号     |             | NULL   |
| 122003 | 余亮   | 男   | 2001-06-03 | D002 | 北京路188号 | 0102987654 | NULL   |
| 122004 | 李军   | 女   | 2002-02-01 | D002 | 东风路66号  | 0209887766 | NULL   |
| 122005 | 刘光明 | 男   | 2001-05-06 | D002 | 东风路110号 |             | NULL   |
| 122006 | 叶明   | 女   | 2001-05-02 | D003 | 学院路89号  | NULL        | NULL   |
| 122007 | 张早   | 男   | 2001-03-04 | D003 | 人民路67号  | NULL        | NULL   |
| 122008 | 聂凤卿 | 男   | 2000-01-01 | D001 | 北京路38号  | 0102965541 | NULL   |
| 122009 | 章伟峰 | 男   | 2000-03-06 | D001 | 北京路18号  | 0102987258 | NULL   |
| 122010 | 王静怡 | 男   | 2001-03-04 | D001 | 北京路1号   | 0102987852 | NULL   |
| 122011 | 俞伟光 | 男   | 2001-05-04 | D001 | 北京路8号   | 0102982367 | NULL   |
| 122017 | 曾静怡 | 男   | 2000-03-01 | D001 | NULL        | NULL        | NULL   |
| 123003 | 马志明 | 男   | 2001-06-02 | D003 | 安西路10号  |             | NULL   |
| 123004 | 吴文辉 | 男   | 2001-04-05 | D002 | 学院路9号   |             | NULL   |
| 123006 | 张东妹 | 女   | 2001-06-07 | D005 | 澄明路223号 |             | NULL   |
| 123007 | 方莉   | 女   | 2001-07-08 | D005 | 东风路6号   |             | NULL   |
| 123008 | 刘想   | 女   | 2001-03-04 | D006 | 中山路56号  |             | NULL   |
+----------+----------+--------+-------------+--------+---------------+-------------+----------+
```

利用通配符星号“*”可实现相同的效果：

```
mysql> select * from student;
```

在实际应用中，不建议使用“*”获取返回信息，最好指定需要获取的字段值。一方面，我们可能并不需要所有的字段，避免返回冗余数据；另一方面，“*”无法重排显示的顺序，当表结构发生变化时，“*”返回的信息也会发生改变。

3. 使用 distinct 消除重复行

【例 3–3】查询学生所在院系编号，去掉重复值。

SQL 语句和执行结果如下：

```
mysql> select distinct d_no from student;
```

```
+---------+
| d_no  |
+---------+
| D001  |
| D002  |
| D003  |
| D005  |
| D006  |
+---------+
```

4. 使用 as 定义查询的列别名

【例 3-4】查询学生的 s_name 字段和 s_no 字段，将其重命名为“姓名”列和“学号”列。

SQL 语句和执行结果如下：

```
mysql> select s_name as '姓名', s_no as '学号'
    -> from student;
+----------+----------+
| 姓名     | 学号     |
+----------+----------+
| 张群     | 122001 |
| 张平     | 122002 |
| 余亮     | 122003 |
| 李军     | 122004 |
| 刘光明 | 122005 |
| 叶明     | 122006 |
| 张早     | 122007 |
| 聂凤卿 | 122008 |
| 章伟峰 | 122009 |
| 王静怡 | 122010 |
| 俞伟光 | 122011 |
| 曾静怡 | 122017 |
| 马志明 | 123003 |
| 吴文辉 | 123004 |
| 张东妹 | 123006 |
| 方莉     | 123007 |
| 刘想     | 123008 |
+----------+----------+
```

除了使用 as 关键字定义别名外，还可以使用空格的方式，代码如下所示：

```
mysql> select s_name '姓名', s_no '学号'
    -> from student;
```

3.1.2 认识 where 子句

很多时候我们并不需要查看全部数据，只需查询满足指定条件的数据即可。此时，我们需要利用 where 子句来实现数据的过滤。where 子句指定查询的条件，限制返回的数据行。其语法格式如下：

知识微课堂：where 子句

```
select col1, col2, ...
from table_name
where where_condition
```

▶ 提示：

（1）where_condition 为过滤条件，查询结果仅保留该过滤条件为 true 的记录。

（2）where 子句可以使用的过滤条件包括比较运算、逻辑运算、范围、模糊匹配以及未知值等。

1. 简单条件

【例 3–5】在学生表 student 中查询学生“李军”的地址和电话。

SQL 语句和执行结果如下：

```
mysql> select s_name, s_address, s_phone
    -> from student
    -> where s_name = '李军';
+------------+----------------+----------------+
| s_name     | s_address      | s_phone        |
+------------+----------------+----------------+
| 李军       | 东风路 66 号   | 0209887766     |
+------------+----------------+----------------+
```

常用的比较运算符见表 3-1。

表 3–1 常用的比较运算符

操作符	说明
=	等于
!= 或 <>	不等于
<	小于
<=	小于或等于
>	大于
>=	大于或等于

【例 3-6】在学生表 student 中，查询“2001-06-01”之后出生的学生的姓名。

SQL 语句和执行结果如下：

```
mysql> select s_name, s_birth
    -> from student
    -> where s_birth > ' 2001-06-01 ';
+-----------+----------------+
| s_name  | s_birth        |
+-----------+----------------+
| 余亮      | 2001-06-03 |
| 李军      | 2002-02-01 |
| 马志明   | 2001-06-02 |
| 张东妹   | 2001-06-07 |
| 方莉      | 2001-07-08 |
+-----------+----------------+
```

▶ 提示：

尽管 s_birth 为日期类型，但 MySQL 会将日期值作为字符串处理，因此需要用引号进行标识。

2. 复合条件

除了使用单个查询条件之外，MySQL 还可以利用逻辑运算符将多个查询条件进行组合。日常使用的逻辑运算符主要包含三种，具体见表 3-2。

表 3-2 常用的逻辑运算符

逻辑运算符	说明
and	逻辑与，两个条件同时满足
or	逻辑或，满足其中一个条件即可
not	逻辑取反，条件不满足时返回 true

【例 3-7】查询学生表 student 中“2001-06-01”之后出生的女生的基本信息。

SQL 语句和执行结果如下：

```
mysql> select s_no, s_name, s_sex, s_birth, d_no, s_address, s_phone
    -> from student
    -> where s_birth > ' 2001-06-01 ' and s_sex = ' 女 ';
+----------+----------+---------+----------------+---------+-----------------+----------------+
| s_no     | s_name | s_sex | s_birth        | d_no  | s_address      | s_phone       |
+----------+----------+---------+----------------+---------+-----------------+----------------+
| 122004 | 李军    | 女      | 2002-02-01 | D002 | 东风路66号 | 0209887766 |
```

```
| 123006 | 张东妹 | 女    | 2001-06-07| D005 | 澄明路223号 |              |
| 123007 | 方莉   | 女    | 2001-07-08| D005 | 东风路6号   |              |
+--------+--------+-------+-----------+------+-------------+--------------+
```

▶ 提示：

and（逻辑与运算符）需要两个条件同时满足，也可使用符号“&&”代替。

【例 3-8】通过学生表 student，查询“2001-06-01”之后出生的或者性别为女的学生的基本信息。

SQL 语句和执行结果如下：

```
mysql> select s_no, s_name, s_sex, s_birth, d_no, s_address, s_phone
    -> from student
    -> where s_birth > ' 2001-06-01 ' or s_sex = ' 女 ';
+--------+--------+-------+------------+------+-------------+------------+
| s_no   | s_name | s_sex | s_birth    | d_no | s_address   | s_phone    |
+--------+--------+-------+------------+------+-------------+------------+
| 122003 | 余亮   | 男    | 2001-06-03 | D002 | 北京路188号 | 0102987654 |
| 122004 | 李军   | 女    | 2002-02-01 | D002 | 东风路66号  | 0209887766 |
| 122006 | 叶明   | 女    | 2001-05-02 | D003 | 学院路89号  | null       |
| 123003 | 马志明 | 男    | 2001-06-02 | D003 | 安西路10号  |            |
| 123006 | 张东妹 | 女    | 2001-06-07 | D005 | 澄明路223号 |            |
| 123007 | 方莉   | 女    | 2001-07-08 | D005 | 东风路6号   |            |
| 123008 | 刘想   | 女    | 2001-03-04 | D006 | 中山路56号  |            |
+--------+--------+-------+------------+------+-------------+------------+
```

▶ 提示：

or（逻辑或运算符）满足其中一个条件即可，也可使用符号“||”代替。not 运算符可参考空值判断部分。

3. 范围条件

【例 3-9】通过学生表 student 查询在 2001 年 5 月出生的学生。

SQL 语句和执行结果如下：

```
mysql> select s_no, s_name, s_sex, s_birth, d_no, s_address, s_phone
    -> from student
    -> where s_birth between ' 2001-05-01 ' and ' 2001-05-31 ';
+--------+--------+-------+------------+------+-------------+------------+
| s_no   | s_name | s_sex | s_birth    | d_no | s_address   | s_phone    |
+--------+--------+-------+------------+------+-------------+------------+
| 122005 | 刘光明 | 男    | 2001-05-06 | D002 | 东风路110号 |            |
```

```
| 122006 | 叶明   | 女   | 2001-05-02 | D003 | 学院路89号   | NULL       |
| 122011 | 俞伟光 | 男   | 2001-05-04 | D001 | 北京路8号    | 0102982367 |
+--------+--------+------+------------+------+--------------+------------+
```

从上述任务中可以看到，between ... and ... 运算符可以用于判断数据是否在某个范围之内，包括范围两端的值。

【例 3-10】通过学生表 student 查询院系编号为 D002 或 D003 或 D005 的学生。

SQL 语句和执行结果如下：

```
mysql> select s_no, s_name, s_sex, s_birth, d_no, s_address, s_phone
    -> from student
    -> where d_no in ( ' d002 ' , ' d003 ' , ' d005 ' );
+--------+--------+------+------------+------+--------------+------------+
| s_no   | s_name | s_sex| s_birth    | d_no | s_address    | s_phone    |
+--------+--------+------+------------+------+--------------+------------+
| 122003 | 余亮   | 男   | 2001-06-03 | D002 | 北京路188号  | 0102987654 |
| 122004 | 李军   | 女   | 2002-02-01 | D002 | 东风路66号   | 0209887766 |
| 122005 | 刘光明 | 男   | 2001-05-06 | D002 | 东风路110号  |            |
| 122006 | 叶明   | 女   | 2001-05-02 | D003 | 学院路89号   | NULL       |
| 122007 | 张早   | 男   | 2001-03-04 | D003 | 人民路67号   | NULL       |
| 123003 | 马志明 | 男   | 2001-06-02 | D003 | 安西路10号   |            |
| 123004 | 吴文辉 | 男   | 2001-04-05 | D002 | 学院路9号    |            |
| 123006 | 张东妹 | 女   | 2001-06-07 | D005 | 澄明路223号  |            |
| 123007 | 方莉   | 女   | 2001-07-08 | D005 | 东风路6号    |            |
+--------+--------+------+------------+------+--------------+------------+
```

in 运算符可以用于判断数据是否位于某个列表之中。in 运算符中除了直接给出列表之外，还可以用于子查询中，其用法在任务 3.6 的子查询中进行说明。

between ... and ... 用于连续区间的判断，in 用于离散值的判断。

4. 模糊匹配

日常交流中有时不需要给出详细的信息，其他人也能理解你要表达的含义。MySQL 同样可以理解这种模糊的信息，可以通过 like 运算符进行实现。

【例 3-11】通过学生表 student 查询姓张的学生信息。

SQL 语句和执行结果如下：

```
mysql> select s_no, s_name, s_sex, s_birth, d_no, s_address, s_phone
    -> from student
    -> where s_name like ' 张 % ' ;
```

```
+----------+----------+-------+--------------+--------+----------------+-----------+
| s_no     | s_name | s_sex | s_birth        | d_no  | s_address        | s_phone |
+----------+----------+-------+--------------+--------+----------------+-----------+
| 122001 | 张群     | 男     | 2000-02-01 | D001  | 上海路8号        | NULL      |
| 122002 | 张平     | 男     | 2001-03-02 | D001  | 人民路9号        |           |
| 122007 | 张早     | 男     | 2001-03-04 | D003  | 人民路67号       | NULL      |
| 123006 | 张东妹 | 女     | 2001-06-07 | D005  | 澄明路223号 |           |
+----------+----------+-------+--------------+--------+----------------+-----------+
```

【例 3-12】通过学生表 student，查询姓名中包含“光”的学生信息。

SQL 语句和执行结果如下：

```
mysql> select s_no, s_name, s_sex, s_birth, d_no, s_address, s_phone
    -> from student
    -> where s_name like '% 光 %';
+----------+----------+-------+--------------+--------+----------------+---------------+
| s_no     | s_name | s_sex | s_birth        | d_no | s_address        | s_phone         |
+----------+----------+-------+--------------+--------+----------------+---------------+
| 122005 | 刘光明 | 男     | 2001-05-06 | D002 | 东风路110号 |                 |
| 122011 | 俞伟光 | 男     | 2001-05-04 | D001 | 北京路8号        | 0102982367 |
+----------+----------+-------+--------------+--------+----------------+---------------+
```

▶ 提示：

百分号（%）匹配零个或多个任意字符。

【例 3-13】通过学生表 student 查询姓名是两位字符的学生信息。

SQL 语句和执行结果如下：

```
mysql> select s_no, s_name, s_sex, s_birth, d_no, s_address, s_phone
    -> from student
    -> where s_name like '__ ';
+----------+----------+-------+--------------+--------+----------------+---------------+
| s_no     | s_name | s_sex | s_birth        | d_no | s_address        | s_phone         |
+----------+----------+-------+--------------+--------+----------------+---------------+
| 122001 | 张群     | 男     | 2000-02-01 | D001 | 上海路8号        |                 |
| 122002 | 张平     | 男     | 2001-03-02 | D001 | 人民路9号        |                 |
| 122003 | 余亮     | 男     | 2001-06-03 | D002 | 北京路188号 | 0102987654 |
| 122004 | 李军     | 女     | 2002-02-01 | D002 | 东风路66号     | 0209887766 |
| 122006 | 叶明     | 女     | 2001-05-02 | D003 | 学院路89号     | NULL            |
| 122007 | 张早     | 男     | 2001-03-04 | D003 | 人民路67号     | NULL            |
| 123007 | 方莉     | 女     | 2001-07-08 | D005 | 东风路6号        |                 |
```

```
| 123008 | 刘想   | 女   | 2001-03-04 | D006 | 中山路56号  |              |
+--------+--------+------+------------+------+-------------+--------------+
```

注意：上述示例 like 后面是两个下划线，下划线（_）匹配一个任意字符。

5. null 判断

【例 3-14】通过学生表 student 查询电话不为空的学生信息。

SQL 语句和执行结果如下：

```
mysql> select s_no, s_name, s_sex, s_birth, d_no, s_address, s_phone
    -> from student
    -> where s_phone is not null;
+--------+--------+-------+------------+------+-------------+------------+
| s_no   | s_name | s_sex | s_birth    | d_no | s_address   | s_phone    |
+--------+--------+-------+------------+------+-------------+------------+
| 122001 | 张群   | 男    | 2000-02-01 | D001 | 上海路8号   |            |
| 122002 | 张平   | 男    | 2001-03-02 | D001 | 人民路9号   |            |
| 122003 | 余亮   | 男    | 2001-06-03 | D002 | 北京路188号 | 0102987654 |
| 122004 | 李军   | 女    | 2023-02-01 | D002 | 东风路66号  | 0209887766 |
| 122005 | 刘光明 | 男    | 2001-05-06 | D002 | 东风路110号 |            |
| 122008 | 聂凤卿 | 男    | 2000-01-01 | D001 | 北京路38号  | 0102965541 |
| 122009 | 章伟峰 | 男    | 2000-03-06 | D001 | 北京路18号  | 0102987258 |
| 122010 | 王静怡 | 男    | 2001-03-04 | D001 | 北京路1号   | 0102987852 |
| 122011 | 俞伟光 | 男    | 2001-05-04 | D001 | 北京路8号   | 0102982367 |
| 123003 | 马志明 | 男    | 2001-06-02 | D003 | 安西路10号  |            |
| 123004 | 吴文辉 | 男    | 2001-04-05 | D002 | 学院路9号   |            |
| 123006 | 张东妹 | 女    | 2001-06-07 | D005 | 澄明路223号 |            |
| 123007 | 方莉   | 女    | 2001-07-08 | D005 | 东风路6号   |            |
| 123008 | 刘想   | 女    | 2001-03-04 | D006 | 中山路56号  |            |
+--------+--------+-------+------------+------+-------------+------------+
```

从结果中可以发现，多名没有电话的学生也被输出了，这是因为在插入数据的时候，这部分学生的电话插入的不是 null，而是空字符，这说明 null 并不是空值，null 代表的是未知，暂时无法确定，它并不是一个值，仅标识一种状态，而空值却是确定的，明确地表示没有，就如同上述输出的学生。

null 并不是一个值，它没有数据类型，因此不能将比较运算符作用于 null，任何与 null 的比较结果都不是 true 或者 false，而是 null。这是与编程语言（如 Java）不同的地方，Java 是二元逻辑，结果为 true 或者 false，没有其他状态，而 SQL 却是三元逻辑，除了 true 和 false 之后，还有第三种状态——null。

由于不能通过普通的运算符进行比较，因此 SQL 针对 null 的判断提供了专门的标识方式：

（1）is null：判断是否为 null。

（2）is not null：判断是否不为 null。

任务实施

在人事管理数据库 rsgl 中进行如下操作：

（1）查询员工的政治背景有哪几类，结果显示如下：

```
+-----------+
| political |
+-----------+
| 党员      |
| 群众      |
| 民进      |
| 九三学社  |
+-----------+
```

（2）查询女性员工的姓名和学历，结果显示如下：

```
+-------+---------+
| e_name | education |
+-------+---------+
| 李明   | 硕士     |
| 李小光 | 本科     |
| 张伟键 | 本科     |
| 石小华 | 硕士     |
| 王君君 | 博士     |
  ……
| 张白燕 | 博士     |
| 李青青 | 本科     |
+-------+---------+
```

（3）查询“王”姓员工的姓名、性别、职称和学历，结果显示如下：

```
+--------+------+-----------+---------+
| e_name | sex  | professional | education |
+--------+------+-----------+---------+
| 王世明 | 男   | 副教授     | 硕士     |
| 王君君 | 女   | 教授       | 博士     |
+--------+------+-----------+---------+
```

（4）查询 1990—2000 出生或职称为教授的员工的姓名和出生日期，结果显示如下：

e_name	professional	birth
胡晓群	讲师	1990-09-28

（5）查询名字中包含“明”字的员工的姓名和出生日期，结果显示如下：

姓名	出生日期
李明	1967-02-01
余明平	1960-05-12
苏小明	1956-04-13
汤光明	1983-01-04
李明义	1965-04-17
王世明	1976-03-21

（6）查询姓名为两个字的员工的姓名和学历，结果显示如下：

e_name	education
李明	硕士
黄莉	硕士
赵剑	博士
欧阳	博士

（7）查询部门编号为 A001、A002、B001 对应的部门名称，结果显示如下：

d_id	d_name
A001	办公室
A002	人事处
B001	信息学院

（8）查询职称不为教授、副教授的员工的姓名和职称，结果显示如下：

```
+--------+-----------+
| e_name | professional |
+--------+-----------+
| 李小光 | 讲师 |
| 黄莉 | 助讲 |
| 胡晓群 | 讲师 |
| 赵剑 | 讲师 |
| 李明义 | 讲师 |
| 孙美灵 | 讲师 |
| 张平娜 | 讲师 |
| 李美丽 | 讲师 |
| 张白燕 | 讲师 |
+--------+-----------+
```

任务要求：

要求撰写实训报告，把完成任务过程中主要操作、命令及关键步骤的截图，遇到的问题与解决方法、未解决或需要进一步探讨的问题，以及任务实践过程中的收获和经验教训写入报告并提交（实训报告见附录）。

任务 3.2 数据表的高级查询

任务目标

◎ 知识目标	1. 掌握 group by 子句的使用 2. 掌握 having 子句的使用，理解 having 子句与 where 子句的区别 3. 掌握 order by 子句的各种排序方式 4. 掌握 limit 子句的使用方式
◎ 技能目标	1. 能按照要求完成各种分组的设置 2. 能按照要求完成分组的过滤 3. 能按照指定要求完成排序 4. 能返回指定数量、位置的数据
◎ 素养目标	1. 养成缜密的逻辑思维能力 2. 养成精益求精的工匠精神 3. 通过国产数据库案例的学习，养成爱国主义情怀

任务书

任务	任务 3.2　数据表的高级查询	所属模块	模块 3　数据库的查询开发
任务描述	基于学生表（student）和成绩表（score），完成数据的分组，包括按照单字段和多字段进行分组；按照指定方式，完成分组的过滤；按照指定字段、指定方式，完成数据的排序；完成限制返回指定位置、指定数量的记录的查询。		
学习产品	单数据表的高级查询操作的实训报告（见附录）		
学习要求	1. 预习 （1）如何分组 （2）如何过滤分组，思考其与 where 过滤的区别 （3）如何排序 （4）如何限制返回的记录 2. 掌握 （1）数据的分组 （2）数据的排序		

知识储备

3.2.1 认识 group by 子句

知识微课堂：group by 子句

group by 子句主要根据指定字段对行进行分组，在分组之后会把每个分组聚合成一行数据，因此需要调用聚合函数完成该操作。部分常用的聚合函数见表 3-3。

表 3-3 部分常用的聚合函数

聚合函数	说明
count()	计数
sum()	求和
avg()	平均值
max()	最大值
min()	最小值

group by 子句的语法格式如下：

```
select col1, col2, ...
from table_name
where where_condition
group by col1, col2
having where_condition
```

▶ 提示：

（1）group by 子句后通常包含列名、表达式，或正整数表示列。另外需要注意的一点是，MySQL 8.0 对于 group by 字段不再支持隐式排序，如果需要排序，必须显式加上 order by 子句。

（2）可以指定多列分组。若指定多列分组，则先按指定的第一列分组，再对指定的第二列分组，以此类推。

（3）使用带 rollup 操作符的 group by 子句：指定在结果集内不仅包含由 group by 提供的正常行，还包含汇总行。

【例 3-15】查询学生表 student，统计各系的学生人数。

SQL 语句和执行结果如下：

```
mysql> select d_no, count(*) as 人数
    -> from student
    -> group by d_no;
```

```
+---------+--------+
| d_no  | 人数 |
+---------+--------+
| D001 | 7   |
| D002 | 4   |
| D003 | 3   |
| D005 | 2   |
| D006 | 1   |
+---------+--------+
```

在使用 count( ) 聚合函数统计记录数时，如果指定字段，如 count(d_no)，则分组中 d_no 值为 null 的记录不会被统计在内。如果直接使用星号，如 count(*)，分组中的记录数都会被统计在内，即使记录中某个字段为 null。

【例 3-16】统计各系男、女生人数。

SQL 语句和执行结果如下：

```
mysql> select d_no as 系别 , s_sex as 性别 , count(*) as 人数
    -> from student
    -> group by d_no, s_sex;
+---------+--------+----------+
| 系别  | 性别 | 人数  |
+---------+--------+----------+
| D001 | 男   | 7     |
| D002 | 男   | 3     |
| D002 | 女   | 1     |
| D003 | 女   | 1     |
| D003 | 男   | 2     |
| D005 | 女   | 2     |
| D006 | 女   | 1     |
+---------+--------+----------+
```

当按多个字段分组时，字段之间需要用逗号（,）分隔。此时，先按照第一个字段进行分组，只有当第一个字段内容相同时，才会进一步按照第二个字段分组，以此类推。

【例 3-17】查询成绩表 score，求选修的各门课程的平均成绩和选修该课程的人数。

SQL 语句和执行结果如下：

```
mysql> select c_no, avg(mark) as ' 平均成绩 ', count(*) as ' 选修人数 '
    -> from score
    -> group by c_no;
```

```
+---------+--------------+--------------+
| c_no  | 平均成绩  | 选修人数 |
+---------+--------------+--------------+
| A001 | 66.33333 |   12      |
| A002 | 72.25000 |   4       |
| A003 | 78.00000 |   7       |
| B001 | 62.71429 |   7       |
| A005 | 82.50000 |   2       |
| B002 | 79.60000 |   5       |
| B003 | 71.00000 |   6       |
| B004 | 76.00000 |   4       |
| A004 | 84.00000 |   4       |
| C001 | 34.00000 |   1       |
+---------+--------------+--------------+
```

【例 3–18】查询成绩表 score，求每个学生成绩的最高分、最低分和总分。

SQL 语句和执行结果如下：

```
mysql> select s_no, max(mark) as 最高分 , min(mark) as 最低分 , sum(mark) as 总分
    -> from score
    -> group by s_no;
+----------+----------+----------+---------+
| s_no    | 最高分 | 最低分 | 总分  |
+----------+----------+----------+---------+
| 122001 |  87.0   |  56.0   | 279.0 |
| 122002 |  87.0   |  67.0   | 154.0 |
| 122003 |  89.0   |  67.0   | 386.0 |
| 122004 |  74.0   |  45.0   | 398.0 |
| 122005 |  75.0   |  75.0   |  75.0 |
| 122006 |  96.0   |  56.0   | 446.0 |
| 122007 |  85.0   |  85.0   |  85.0 |
| 122008 |  78.0   |  78.0   |  78.0 |
| 123003 |  94.0   |  34.0   | 460.0 |
| 123004 |  89.0   |  45.0   | 426.0 |
| 123006 |  79.0   |  53.0   | 419.0 |
| 123007 |  69.0   |  69.0   |  69.0 |
| 123008 |  98.0   |  45.0   | 458.0 |
+----------+----------+----------+---------+
```

【例 3–19】查询学生表 student，统计各系学生人数，包含人数汇总。

SQL 语句和执行结果如下：

```
mysql> select d_no, count(*) as 人数
    -> from student
    -> group by d_no with rollup;
+---------+---------+
| d_no  | 人数 |
+------+--------+
| D001 | 7    |
| D002 | 4    |
| D003 | 3    |
| D005 | 2    |
| D006 | 1    |
| NULL | 17   |
+------+--------+
```

with rollup 表示在记录的最后添加汇总数据，例如上述结果的最后一行。

▶ 提示：

当没有通过 group by 子句明确指定分组时，默认所有的数据属于同一个组，此时，select 语句中依然可以使用聚合函数。

3.2.2 认识 having 子句

使用 having 子句的目的与 where 子句类似，不同的是 where 子句作用于整个表，且在分组之前执行，而 having 子句作用于各个分组，且必须配合 group by 子句才能使用，因此在 where 子句之后执行。

【例 3–20】查询成绩表 score 中选修了 2 门以上课程的学生的学号。

SQL 语句和执行结果如下：

```
mysql> select s_no, count(*) as 选修课数
    -> from score
    -> group by s_no
    -> having count(*) > 2;
+------------+--------------+
| s_no     | 选修课数 |
+------------+--------------+
| 122001 |    4     |
| 122003 |    5     |
| 122004 |    6     |
```

```
| 122006 |     6      |
| 123003 |     7      |
| 123004 |     6      |
| 123006 |     6      |
| 123008 |     6      |
+-----------+--------------+
```

【例 3-21】查询学生表 student 中各院系男生人数超过 2 人的信息。

SQL 语句和执行结果如下：

```
mysql> select d_no, count(*) as 男生人数
    -> from student
    -> where s_sex = ' 男 '
    -> group by d_no
    -> having count(*) > 2;
+--------+-------------+
| d_no | 男生人数 |
+--------+-------------+
| D001 |      7      |
| D002 |      3      |
+--------+-------------+
```

或者通过如下 SQL 语句实现：

```
mysql> select d_no, count(*) as 男生人数
    -> from student
    -> group by d_no, s_sex
    -> having s_sex = ' 男 ' and count(*) > 2;
+--------+-------------+
| d_no  | 男生人数 |
+--------+-------------+
| D001 |      7      |
| D002 |      3      |
+--------+-------------+
```

注意：s_sex 出现在 having 子句中的前提是 s_sex 作为分组字段出现在 group by 子句中，否则便会出现错误。

3.2.3　认识 order by 子句

知识微课堂：order by 子句

使用 order by 子句后，可以保证结果中的行按一定顺序排列。语法格式如下：

```
order by { 列 | 表达式 | 正整数 } [asc | desc] , ...
```

▶ 提示：

order by 子句后可以是列名、表达式，或正整数表示列。关键字 asc 表示升序排列，desc 表示降序排列，系统默认值为 asc。指定要排序的列可以多列。如果多列，系统先按照第一列排序，当该列出现重复值时，按第二列排序，以此类推。

【例 3-22】查询成绩表 score，按成绩降序排序列出选修 A001 课程的学生学号和成绩。

SQL 语句和执行结果如下：

```
mysql> select s_no, mark
    -> from score
    -> where c_no = ' A001 '
    -> order by mark desc;
+-----------+--------+
| s_no      | mark |
+-----------+--------+
| 122001 | 87.0  |
| 122007 | 85.0  |
| 122008 | 78.0  |
| 122005 | 75.0  |
| 123007 | 69.0  |
| 122002 | 67.0  |
| 122006 | 67.0  |
| 123003 | 65.0 |
| 123004 | 60.0 |
| 123006 | 53.0  |
| 122004 | 45.0  |
| 123008 | 45.0  |
+-----------+--------+
```

【例 3-23】查询学生表 student，按院系（升序）和出生日期（降序）排序。

SQL 语句和执行结果如下：

```
mysql> select s_no, s_name, s_sex, s_birth, d_no, s_address, s_phone
    -> from student
    -> order by d_no, s_birth desc;
+-----------+-----------+--------+-----------------+--------+-----------------+----------------+
| s_no      | s_name | s_sex | s_birth        | d_no | s_address      | s_phone      |
+-----------+-----------+--------+-----------------+--------+-----------------+----------------+
```

```
| 122011 | 俞伟光 | 男    | 2001-05-04 | D001| 北京路8号    | 0102982367 |
| 122010 | 王静怡 | 男    | 2001-03-04 | D001| 北京路1号    | 0102987852 |
| 122002 | 张平   | 男    | 2001-03-02 | D001| 人民路9号    |            |
| 122009 | 章伟峰 | 男    | 2000-03-06 | D001| 北京路18号   | 0102987258 |
| 122017 | 曾静怡 | 男    | 2000-03-01 | D001| NULL         | NULL       |
| 122001 | 张群   | 男    | 2000-02-01 | D001| 上海路8号    |            |
| 122008 | 聂凤卿 | 男    | 2000-01-01 | D001| 北京路38号   | 0102965541 |
| 122004 | 李军   | 女    | 2002-02-01 | D002| 东风路66号   | 0209887766 |
| 122003 | 余亮   | 男    | 2001-06-03 | D002| 北京路188号  | 0102987654 |
| 122005 | 刘光明 | 男    | 2001-05-06 | D002| 东风路110号  |            |
| 123004 | 吴文辉 | 男    | 2001-04-05 | D002| 学院路9号    |            |
| 123003 | 马志明 | 男    | 2001-06-02 | D003| 安西路10号   |            |
| 122006 | 叶明   | 女    | 2001-05-02 | D003 | 学院路89号  | NULL       |
| 122007 | 张早   | 男    | 2001-03-04 | D003 | 人民路67号  | NULL       |
| 123007 | 方莉   | 女    | 2001-07-08 | D005 | 东风路6号   |            |
| 123006 | 张东妹 | 女    | 2001-06-07 | D005| 澄明路223号  |            |
| 123008 | 刘想   | 女    | 2001-03-04 | D006| 中山路56号   |            |
+------------+-----------+--------+----------------+--------+-----------------+----------------+
```

或者也可以通过如下 SQL 语句实现：

```
mysql> select s_no, s_name, s_sex, s_birth, d_no, s_address, s_phone
    -> from student
    -> order by 5, 4 desc;
```

“order by 5，4”中的 5 表示第 5 列（d_no），4 表示第 4 列（s_birth）。

【例 3-24】查询成绩表 score，按学生的平均成绩从高到低排序，显示学号和平均成绩。

SQL 语句和执行结果如下：

```
mysql> select s_no as 学号 , avg(mark) as 平均成绩
    -> from score
    -> group by s_no
    -> order by avg(mark);
+------------+----------------------+
| 学号       | 平均成绩             |
+------------+----------------------+
| 123003     |   65.71429           |
| 122004     |   66.33333           |
| 123007     |   69.00000           |
```

```
| 122001  |   69.75000         |
| 123006  |   69.83333         |
| 123004  |   71.00000         |
| 122006  |   74.33333         |
| 122005  |   75.00000         |
| 123008  |   76.33333         |
| 122002  |   77.00000         |
| 122003  |   77.20000         |
| 122008  |   78.00000         |
| 122007  |   85.00000         |
+-------------+----------------------+
```

3.2.4 认识 limit 子句

limit 子句主要用于限制被 select 语句返回的行数。语法格式如下：

```
limit {[ 偏移量 , ] 行数 | 行数 offset 偏移量 }
```

例如，"limit 5" 表示返回 select 语句的结果集中最前面 5 行，而 "limit 3，5" 则表示从第 4 行开始返回 5 行。需要注意的是，初始行的偏移量为 0 而不是 1。

知识微课堂：limit 子句

【例 3–25】查询课程号为 A001、成绩前 5 名的学生的学号和成绩。

SQL 语句和执行结果如下：

```
mysql> select s_no, mark
    -> from score
    -> where c_no = ' A001 '
    -> order by mark desc
    -> limit 5;
+------------+-----------+
| s_no       | mark      |
+------------+-----------+
| 122001     | 87.0      |
| 122007     | 85.0      |
| 122008     | 78.0      |
| 122005     | 75.0      |
| 123007     | 69.0      |
+------------+-----------+
```

▶ 提示：

如果要查询成绩倒数 5 名的学生，可以用下面的 SQL 语句：

```
mysql> select s_no, mark
    -> from score
    -> where c_no = ' A001 '
    -> order by mark
    -> limit 5;
```

【例 3-26】查询课程号为 A001、成绩第 5 名至第 10 名的学生的学号和成绩。

SQL 语句和执行结果如下：

```
mysql> select s_no, mark
    -> from score
    -> where c_no = ' A001 '
    -> order by mark desc
    -> limit 6 offset 4;
+------------+-----------+
| s_no       | mark      |
+------------+-----------+
| 123007     | 69.0      |
| 122002     | 67.0      |
| 122006     | 67.0      |
| 123003     | 65.0      |
| 123004     | 60.0      |
| 123006     | 53.0      |
+------------+-----------+
```

在使用 limit 子句限制返回记录的数量时要注意，limit 参数是数量和偏移，不是区间位置，因此不要写成“limit 4，10”或者“limit 10 offset 4”。

任务实施

在人事管理数据库 rsgl 中进行如下操作：

（1）查询各部门男、女人数，结果显示如下：

```
+-------+----+-------+
| d_id  | sex | 人数  |
+-------+----+-------+
| B001  | 男  |   3   |
| B003  | 男  |   3   |
| A001  | 女  |   4   |
| A002  | 女  |   1   |
| A004  | 男  |   2   |
```

```
| A005    | 男  |    1    |
| B005    | 女  |    1    |
| B002    | 男  |    1    |
| B003    | 女  |    3    |
| B005    | 男  |    2    |
| B001    | 女  |    1    |
+-------+----+-------+
```

（2）查询男性人数大于或等于 2 的部门的编号和男性人数，按人数降序显示，结果如下：

```
+------+-------+
| d_id  | count  |
+------+-------+
| B001  |   3     |
| B003  |   3     |
| A004  |   2     |
| B005  |   2     |
+------+-------+
```

（3）查询所有员工的平均基本工资、最低基本工资和最高基本工资，结果显示如下：

```
+-----------+-----------+------------+
| 平均基本工资 | 最低基本工资| 最高基本工资  |
+-----------+-----------+------------+
| 2730.00        | 1800.00        | 4500.00          |
+-----------+-----------+------------+
```

（4）查询员工的基本工资和福利，按基本工资倒序、福利正序显示，结果如下：

```
+-------+------+------+
| e_id     | base     | bonus   |
+-------+------+------+
| 100331  | 4500.00| 5600.00|
| 100330  | 3500.00| 5000.00|
| 100101  | 3000.00| 5000.00|
| 100105  | 2600.00| 3500.00|
| 100103  | 2600.00| 4500.00|
| 100102  | 2500.00| 4500.00|
| 100106  | 2400.00| 4300.00|
| 100104  | 2400.00| 4600.00|
| 100100  | 2000.00| 4000.00|
```

```
| 100332  | 1800.00| 3600.00|
+-------+-------+-------+
```

（5）查询基本工资前 3 名的员工的编号和基本工资，结果显示如下：

```
+-------+-------+
| e_id  | base  |
+-------+-------+
| 100331 | 4500.00 |
| 100330 | 3500.00 |
| 100101 | 3000.00 |
+-------+-------+
```

（6）查询基本工资（倒序）、福利（倒序）排在第 4 位到第 7 位的员工的编号和基本工资，结果显示如下：

```
+-------+-------+
| e_id  | base  |
+-------+-------+
| 100103 | 2600.00 |
| 100105 | 2600.00 |
| 100102 | 2500.00 |
| 100104 | 2400.00 |
+-------+-------+
```

任务要求：

要求撰写实训报告，把完成任务过程中主要操作、命令及关键步骤的截图，遇到的问题与解决方法、未解决或需要进一步探讨的问题，以及任务实践过程中的收获和经验教训写入报告并提交（实训报告见附录）。

任务 3.3 常用函数查询

任务目标

◎ 知识目标	1. 掌握数学函数的使用 2. 掌握字符串函数的使用 3. 掌握日期和时间函数的使用
◎ 技能目标	1. 能熟练使用算术运算符 2. 能按照需求熟练使用各种函数
◎ 素养目标	1. 养成科学严谨的态度 2. 养成勤于思考的意识和创新能力 3. 养成吃苦耐劳的沂蒙精神

任务书

任务	任务 3.3　常用函数查询	所属模块	模块 3　数据库的查询开发
任务描述	从认识 MySQL 支持的算术运算符和函数着手，学习算术运算符和函数的实际应用。学习内容主要包括数学函数、字符串函数、日期和时间函数等。		
学习产品	完成使用算术运算符和函数进行查询、统计、格式设置的实训报告（见附录）		
学习要求	1. 预习 （1）常用数学函数的格式及用法 （2）常用字符串函数的格式及用法 （3）常用日期和时间函数的格式及用法 2. 掌握 （1）数学函数 （2）字符串函数 （3）日期和时间函数		

知识储备

在数据管理过程中，经常要使用算术运算符和函数进行数据处理。例如，进行简单的数学运算，根据参加工作的时间计算工龄，查询年龄在 30 ～ 40 岁的教师；或根据成绩判断是否及格等，这就要使用到相关运算符和函数。

MySQL 数据库中提供了丰富的函数。这些内部函数可以帮助用户更加方便地处理表中的数据。MySQL 函数包括数学函数、字符串函数、日期和时间函数等。select 语句及其条件表达式都可以使用这些函数。同时，insert、update 和 delete 语句及其条件表达式也可以使用这些函数。

3.3.1 数学函数

知识微课堂：数学函数

1. 算术运算符

【例 3-27】“+” 运算符，用来获得一个或多个值的和。

SQL 语句和执行结果如下：

```
mysql> select 3+2, 1.5+3.8256;
+-------+----------------+
| 3+2  | 1.5+3.8256  |
+-------+----------------+
|  5   |    5.3256    |
+-------+----------------+
```

【例 3-28】“–” 运算符，用来获得一个值减去另一个值得到的差。

SQL 语句和执行结果如下：

```
mysql> select 100-200, 0.24-0.12;
+-----------+-------------+
| 100-200 | 0.24-0.12 |
+-----------+-------------+
|   -100    |    0.12     |
+-----------+-------------+
```

【例 3-29】“*” 运算符，用来获得两个或多个值的乘积。

SQL 语句和执行结果如下：

```
mysql> select 3*8, -22.5*3.6;
+------+-------------+
| 3*8 | -22.5*3.6|
+------+-------------+
| 24 |   -81.00  |
+------+-------------+
```

【例 3-30】“/” 运算符，用来获得一个值除以另一个值得到的商。

SQL 语句和执行结果如下：

```
mysql> select 3/5, 96/12, 128/0.2, 1/0;
+----------+----------+------------+-------+
| 3/5      | 96/12    | 128/0.2    | 1/0   |
+----------+----------+------------+-------+
| 0.6000 | 8.0000 | 640.0000 | NULL |
+----------+----------+------------+-------+
```

注：除以零的除法是不允许的，MySQL 会返回 null。

【例 3-31】“%” 运算符，用来获得一个或多个除法运算的余数。

SQL 语句和执行结果如下：

```
mysql> select 5 % 2, -5 % 2, 5 % -2, -5 % -2, 5 % 0;
+--------+----------+----------+----------+---------+
| 5%2  | -5%2  | 5%-2  | -5%-2 | 5%0  |
+--------+----------+----------+----------+---------+
|   1   |   -1   |    1    |   -1    | NULL |
+--------+----------+----------+----------+---------+
```

▶ 提示：

（1）类似除法，对 0 取余返回 null。

（2）余数的正负号取决于左操作数的正负号。

2. 绝对值函数

【例 3-32】求绝对值。

SQL 语句和执行结果如下：

```
mysql> select abs(8), abs(-10.2);
+----------+-------------+
| abs(8)   | abs(-10.2) |
+----------+-------------+
|    8     |     10.2     |
+----------+-------------+
```

3. 取整、舍入函数

【例 3-33】向上取整，向下取整。

SQL 语句和执行结果如下：

```
mysql> select ceiling(3.62), ceiling(-3.62), floor(3.62), floor(-3.62);
```

```
+----------------+----------------+--------------+---------------+
| ceiling(3.62)  | ceiling(-3.62) | floor(3.62)  | floor(-3.62)  |
+----------------+----------------+--------------+---------------+
|       4        |       -3       |      3       |      -4       |
+----------------+----------------+--------------+---------------+
```

▶ 提示：

（1）ceiling 是上限、天花板的意思，表示向上取整。

（2）floor 是下限、地板的意思，表示向下取整。

上、下限如图 3-1 所示。

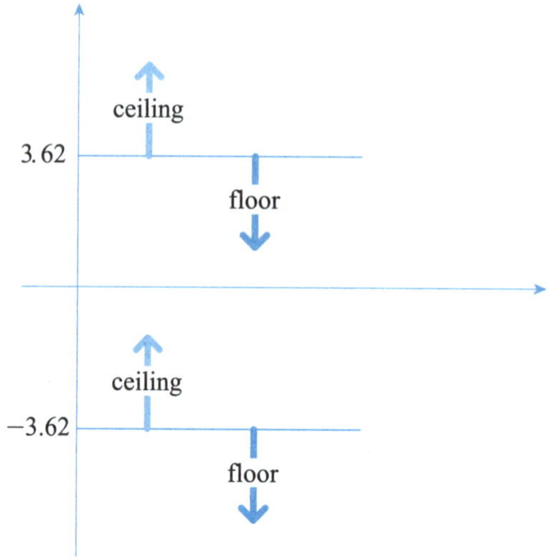

图 3-1 上、下限示意图

【例 3-34】能够四舍五入的函数。

SQL 语句和执行结果如下：

```
mysql> select round(3.8), round(2.4), round(2.14, 1), round(2.16, 1);
+---------------+--------------+------------------+------------------+
| round(3.8)    | round(2.4)   | round(2.14, 1)   | round(2.16, 1)   |
+---------------+--------------+------------------+------------------+
|      4        |      2       |       2.1        |       2.2        |
+---------------+--------------+------------------+------------------+
```

▶ 提示：

（1）round(x)：返回离 x 最近的整数，也就是对 x 进行四舍五入处理。

（2）round(x,y)：返回 x 保留到小数点后 y 位的值，在截取时进行四舍五入处理。

【例 3-35】求每个学生的成绩的平均值，并四舍五入取小数点后一位。

SQL 语句和执行结果如下：

```
mysql> select s_no, round(avg(mark), 1) as 平均成绩
    -> from score
    -> group by s_no;
+-----------+---------------+
| s_no      | 平均成绩 |
+-----------+---------------+
| 122001 |    69.8      |
| 122002 |    77.0      |
| 122003 |    77.2      |
| 122004 |    66.3      |
| 122005 |    75.0      |
| 122006 |    74.3      |
| 122007 |    85.0      |
| 122008 |    78.0      |
| 123003 |    65.7      |
| 123004 |    71.0      |
| 123006 |    69.8      |
| 123007 |    69.0      |
| 123008 |    76.3      |
+-----------+---------------+
```

4. 平方、开方函数

【例 3-36】求数值的平方和开方。

SQL 语句和执行结果如下：

```
mysql> select sqrt(100), pow(2,10), pow(2, -2);
+-------------+-------------+-------------+
| sqrt(100)  | pow(2,10) | pow(2, -2) |
+-------------+-------------+-------------+
|      10      |    1024    |     0.25     |
+-------------+-------------+-------------+
```

▶ 提示：

（1）sqrt(x)：计算 x 的平方根。

（2）pow(x,y)：计算 x 的 y 次幂。

5. 最大值、最小值函数

【例 3-37】返回参数列表中的最大值和最小值。

SQL 语句和执行结果如下：

```
mysql> select greatest(100,12,66,0),least(4,5,6), least(5.34,null,9);
+-----------------------+--------------+---------------------+
| greatest(100,12,66,0) | least(4,5,6) | least(5.34,null,9) |
+-----------------------+--------------+---------------------+
|          100          |      4       |        NULL         |
+-----------------------+--------------+---------------------+
```

▶ 提示：

（1）greatest(x1,x2,...)：返回参数列表中的最大值，若参数包含 null，结果为 null。

（2）least(x1,x2,...)：返回参数列表中的最小值，若参数包含 null，结果为 null。

6. 随机函数

【例 3-38】生成 [0,1) 区间内的随机数。

SQL 语句和执行结果如下：

```
mysql> select rand(), rand(41);
+--------------------+---------------------+
| rand()             | rand(41)            |
+--------------------+---------------------+
| 0.2982180326229129 | 0.41272790675305565 |
+--------------------+---------------------+
```

▶ 提示：

（1）rand( ) 生成 [0,1) 区间内的随机浮点数，包含 0，但不包含 1。

（2）rand(x) 中参数 x 为种子，种子不变，生成的随机数是固定的。

3.3.2 字符串函数

知识微课堂：字符串函数

1. 字符串长度

【例 3-39】获取字符串中字符的个数。

SQL 语句和执行结果如下：

```
mysql> select char_length('mysql'), char_length('数据库');
+----------------------+------------------------+
| char_length('mysql') | char_length('数据库')  |
+----------------------+------------------------+
|          5           |           3            |
+----------------------+------------------------+
```

▶ 提示：

char_length(str) 函数返回字符串 str 所包含的字符个数。一个多字节字符算作一个单字符。

【例 3–40】获取字符串中字节的个数。

SQL 语句和执行结果如下：

```
mysql> select length( ' mysql ' ), length( ' 数据库 ' );
+------------------------+--------------------------+
| length( ' mysql ' )    | length( ' 数据库 ' )     |
+------------------------+--------------------------+
|          5             |           9              |
+------------------------+--------------------------+
```

▶ 提示：

length(str) 返回字符串 str 对应的字节长度，如使用 utf8 编码字符集时，一个汉字是 3 字节，而一个数字或者字母占 1 字节。

2. 字符串拼接

【例 3–41】字符串直接拼接。

SQL 语句和执行结果如下：

```
mysql> select concat( ' My ' , ' SQL ' , 8.0), concat( ' My ' , null, ' SQL8.0 ' );
+------------------------------------+--------------------------------------+
|concat( ' My ' , ' SQL ' , 8.0)     |concat( ' My ' , null, ' SQL8.0 ' )    |
+------------------------------------+--------------------------------------+
| MySQL8.0                           | NULL                                 |
+------------------------------------+--------------------------------------+
```

▶ 提示：

concat(str1,str2,...) 函数用于返回多个字符串连接之后的字符串，只要有参数为 null 则返回 null。

【例 3–42】按指定分隔符拼接字符串。

SQL 语句和执行结果如下：

```
mysql> select concat_ws( ' _ ' , ' My ' , null, ' SQL ' ), concat_ws(null, ' My ' ,
 ' SQL ' );
+------------------------------------------------+---------------------------------------+
|concat_ws( ' _ ' , ' My ' , null, ' SQL ' )     |concat_ws(null, ' My ' , ' SQL ' )     |
+------------------------------------------------+---------------------------------------+
| My_SQL                                         | NULL                                  |
+------------------------------------------------+---------------------------------------+
```

▶ 提示：

concat_ws(sep,str1,str2,...) 函数使用指定的分隔符 sep 连接多个字符串，分隔符为

null 则返回 null。

【例 3-43】分组拼接，查看每个学生不及格的课程号和学号。

SQL 语句和执行结果如下：

```
mysql> select s_no, group_concat(c_no) as 不及格课程
    -> from score
    -> where mark < 60
    -> group by s_no;
+-----------+-----------------+
| s_no      | 不及格课程 |
+-----------+-----------------+
| 122001 | A002          |
| 122004 | A001          |
| 122006 | B003          |
| 123003 | B001, C001 |
| 123004 | B001          |
| 123006 | A001          |
| 123008 | A001          |
+-----------+-----------------+
```

【例 3-44】分组拼接，查看每门课程哪些学生不及格。

SQL 语句和执行结果如下：

```
mysql> select c_no, group_concat(s_no) as 不及格学生学号
    -> from score
    -> where mark < 60
    -> group by c_no;
+--------+------------------------------+
| c_no  | 不及格学生学号            |
+--------+------------------------------+
| A001 | 122004,123006,123008 |
| A002 | 122001                      |
| B001 | 123003,123004          |
| B003 | 122006                      |
| C001 | 123003                      |
+--------+------------------------------+
```

▶ 提示：

group_concat 语法格式如下：

```
group_concat([distinct] col1_name [order by col2_name asc|desc] [separator
```

```
seq])
```

将分组中 col1_name 列按照 col2_name 列的升序或降序来进行连接，连接符为 seq。concat 函数中要连接的数据如果含有 null，最终返回的是 null，但是 group_concat 会直接忽略 null 值。

3. 字符串替换

【例 3-45】将字符串中部分内容替换成新内容。

SQL 语句和执行结果如下：

```
mysql> select replace( ' test@126.net ' , ' net ' , ' com ' );
+----------------------------------------------------------+
|replace( ' test@126.net ' , ' net ' , ' com ' )          |
+----------------------------------------------------------+
| test@126.com                                             |
+----------------------------------------------------------+
```

▶ 提示：

replace(str,from_str,to_str) 函数用于将字符串 str 中的所有 from_str 替换为 to_str，返回替换后的字符串。

【例 3-46】在字符串指定位置插入新字符串。

SQL 语句和执行结果如下：

```
mysql> select insert( ' mysql.com ' , 7, 3, ' cn ' );
+-----------------------------------------------+
| insert( ' mysql.com ' , 7, 3, ' cn ' )        |
+-----------------------------------------------+
| mysql.cn                                      |
+-----------------------------------------------+
```

▶ 提示：

insert(str,pos,len,newstr) 函数用于在字符串 str 的指定位置 pos 之后插入字符串 newstr，替换随后的 len 个字符（len 等于 0 时实现插入）。

【例 3-47】反转字符串内容。

SQL 语句和执行结果如下：

```
mysql> select reverse( ' mysql ' );
+---------------------------+
| reverse( ' mysql ' )      |
+---------------------------+
| lqsym                     |
+---------------------------+
```

▶ 提示：

reverse(str) 函数用于将字符串 str 中的字符顺序进行反转。

4. 大小写转换

【例 3–48】字符串大小写转换。

SQL 语句和执行结果如下：

```
mysql> select lower( ' MySQL ' ), lcase( ' MySQL ' ), upper( ' mysql ' ), ucase
( ' mysql ' );
+------------------------+------------------------+------------------------+------------------------+
| lower( ' MySQL ' )     | lcase( ' MySQL ' )     | upper( ' mysql ' )     | ucase( ' mysql ' )     |
+------------------------+------------------------+------------------------+------------------------+
| mysql                  | mysql                  | MYSQL                  | MYSQL                  |
+------------------------+------------------------+------------------------+------------------------+
```

▶ 提示：

（1）lower(str) 和 lcase(str) 函数用于将字符串转换为小写形式。

（2）upper(str) 和 ucase(str) 函数用于将字符串转换为大写形式。

5. 获取子串

【例 3–49】查询学生表 student 中所有学生的姓氏和名字。

SQL 语句和执行结果如下：

```
mysql> select mid(s_name, 1, 1) as 姓 ,
    -> substring(s_name, 2, length(s_name)-1) as 名
    -> from student;
+------+-----+
| 姓   | 名 |
+------+-----+
| 张   | 群 |
| 张   | 平 |
| 余   | 亮 |
     ……
| 方   | 莉 |
| 刘   | 想 |
+------+-----+
```

▶ 提示：

（1）substring(str,pos,len) 从字符串 str 返回长度为 len 个字符的子串，从位置 pos 开始。

（2）mid(str,pos,len) 从字符串 str 返回长度为 len 个字符的子串，从位置 pos 开始。

6. 字符串比较

【例 3-50】比较两个字符串的内容。

SQL 语句和执行结果如下：

```
mysql> select strcmp( ' mysql ' , ' MySQL ' ) as 区分大小写 ,
    ->        strcmp( ' mysql ' collate utf8mb4_0900_as_cs, ' MySQL ' ) as 不区分大小写 ;
+----------------+------------------+
| 区分大小写 | 不区分大小写 |
+----------------+------------------+
|      0         |       -1         |
+----------------+------------------+
```

▶ 提示：

“0”意味着内容相同，“-1”则表示不相等，第一个函数使用 utf8mb4 默认的校对规则 utf8mb4_0900_ai_ci，不区分大小写；第二个函数使用校对规则 utf8mb4_0900_as_cs，区分大小写。

7. 首尾去空格

【例 3-51】去除字符串首尾空格。

SQL 语句和执行结果如下：

```
mysql> select length('  mysql  '), trim('  mysql  '), length(trim('  mysql  '));
+----------------------+----------------------+----------------------------+
| length('  mysql  ') | trim('  mysql  ') | length(trim('  mysql  ')) |
+----------------------+----------------------+----------------------------+
|          9           |       mysql          |            5               |
+----------------------+----------------------+----------------------------+
```

▶ 提示：

（1）trim(str) 删除字符串 str 两侧的空格。

（2）ltrim(str) 删除字符串 str 左侧的空格。

（3）rtrim(str) 删除字符串 str 右侧的空格。

3.3.3　日期和时间函数

日期和时间函数主要用于处理表中的日期和时间数据。日期和时间函数包括获取当前日期的函数、获取当前时间的函数、计算日期的函数和计算时间的函数等。

知识微课堂：
日期和时间函数

1. 获取当前日期的函数

【例 3-52】获取当前日期。

SQL 语句和执行结果如下：

```
mysql> select curdate(), current_date();
+--------------+------------------+
| curdate()    | current_date()   |
+--------------+------------------+
| 2023-01-11| 2023-01-11          |
+--------------+------------------+
```

2. 获取当前时间的函数

【例 3-53】获取当前时间。

SQL 语句和执行结果如下：

```
mysql> select curtime(), current_time();
+------------+------------------+
| curtime() | current_time() |
+------------+------------------+
| 17:33:47 | 17:33:47          |
+------------+------------------+
```

3. 返回当前日期和时间的函数

【例 3-54】获取当前的日期和时间。

SQL 语句和执行结果如下：

```
mysql> select now(), current_timestamp(), localtime(), sysdate();
+---------------------+---------------------+---------------------+---------------------+
|now()                |current_timestamp() | localtime()          | sysdate()           |
+---------------------+---------------------+---------------------+---------------------+
|2023-01-11 21:37:30 |2023-01-11 21:37:30 | 2023-01-11 21:37:30| 2023-01-11 21:37:30 |
+---------------------+---------------------+---------------------+---------------------+
```

4. 返回年、季度、月和日的函数

year( ) 函数分析一个日期值并返回其中关于年的部分。

quarter( ) 函数返回日期是本年第几季度，值的范围是 1 ～ 4。

month( ) 函数分析一个日期值并返回其中关于月的部分，值的范围是 1 ～ 12。

day( ) 函数分析一个日期值并返回其中关于日的部分，值的范围是 1 ～ 31。

【例 3-55】获取当前对应的年、季度、月、日。

SQL 语句和执行结果如下：

```
mysql> select now(), year(now()), quarter(now()), month(now()), day(now());
+---------------------+-------------+----------------+--------------+------------+
| now()               | year(now()) | quarter(now()) | month(now()) | day(now()) |
+---------------------+-------------+----------------+--------------+------------+
| 2023-01-11 21:55:50 |        2023 |              1 |            1 |         11 |
+---------------------+-------------+----------------+--------------+------------+
```

5. 返回指定时间的时、分、秒

hour( ) 函数获取时间中对应的“时”，取值范围是 0 ～ 23。

minute( ) 函数获取时间中对应的“分”，取值范围是 0 ～ 59。

second( ) 函数获取时间中对应的“秒”，取值范围是 0 ～ 59。

【例 3–56】获取当前对应的时、分、秒。

SQL 语句和执行结果如下：

```
mysql> select curtime(), hour(curtime()), minute(curtime()), second(curtime());
+-----------+-----------------+-------------------+-------------------+
| curtime() | hour(curtime()) | minute(curtime()) | second(curtime()) |
+-----------+-----------------+-------------------+-------------------+
| 22:02:58  |              22 |                 2 |                58 |
+-----------+-----------------+-------------------+-------------------+
```

6. 对日期和时间进行算术操作

date_add( ) 和 date_sub( ) 函数可以对日期和时间进行算术操作，它们分别用来增加和减少日期值，其语法格式如下：

```
date_add(date,interval expr unit)
date_sub(date,interval expr unit)
```

date 表示日期和时间。

interval 表示一个时间间隔。

unit 和 expr 见表 3–4。

表 3–4 时间函数

unit	expr	unit	expr
day	日	minute	分
day_hour	日：时	minute_ second	分：秒
day_minute	日：时：分	month	月
day_second	日：时：分：秒	second	秒

续表

unit	expr	unit	expr
hour	时	year	年
hour_minute	时：分	year_month	年－月
hour_ second	时：分：秒		

【例 3–57】date_add 和 date_sub 的使用。

SQL 语句和执行结果如下：

```
mysql> select date_add( ' 2018-05-01 ' ,interval 1 day);
+---------------------------------------------------+
| date_add( ' 2018-05-01 ' ,interval 1 day)  |
+---------------------------------------------------+
| 2018-05-02                                  |
+---------------------------------------------------+
mysql> select date_sub( ' 2018-05-01 ' ,interval 1 year);
+---------------------------------------------------+
| date_sub( ' 2018-05-01 ' ,interval 1 year)  |
+---------------------------------------------------+
| 2017-05-01                                   |
+---------------------------------------------------+
```

7. 日期的差值计算

datediff(d1,d2) 函数计算两个日期相隔的天数。

【例 3–58】7 月 1 日放假，计算离放假还有多少天。

SQL 语句和执行结果如下：

```
mysql> select datediff( '2023-07-01' , now());
+----------------------------------------+
|datediff( '2023-07-01' , now()) |
+----------------------------------------+
|          171                    |
+----------------------------------------+
```

8. 日期和时间格式化的函数

date_format(date, fmt) 函数可以用来格式化日期，date 是需要格式化的日期，fmt 是格式化的形式。

【例 3–59】格式化日期。

SQL 语句和执行结果如下：

```
mysql> select date_format( ' 2023-01-11 23:33:49 ' , ' %W, %d, %m, %Y, %r ' );
+------------------------------------------------------------------------+
| date_format( ' 2023-01-11 23:33:49 ' , ' %W,%d,%m, %Y,%r ' )           |
+------------------------------------------------------------------------+
| Wednesday, 11, 01, 2023, 11:33:49 PM                                   |
+------------------------------------------------------------------------+
```

其中，

%W：星期的名称（Monday、星期一）；

%d：一个月中的第几天（00-31）；

%m：月份（00-12）；

%Y：4 位数的年份；

%r：12 小时制的时间（hh:mm:ss 加上 AM 或者 PM）。

任务实施

在人事管理数据库 rsgl 中进行如下操作：

（1）查年龄大于 18，并且不是 B001 与 B003 部门的员工姓名和性别，结果如下：

```
+--------+-----+
| e_name | sex |
+--------+-----+
| 石小华 | 女  |
| 黄莉   | 女  |
| 汤光明 | 男  |
| 谢建设 | 男  |
| 胡晓群 | 女  |
| 李正中 | 男  |
| 赵剑   | 男  |
| 李明义 | 男  |
| 王世明 | 男  |
| 张平娜 | 女  |
| 张白燕 | 女  |
| 李青青 | 女  |
+--------+-----+
```

（2）查询年龄在 60 岁以上的员工姓名、学历和出生日期，结果如下：

```
+--------+-----------+------------+
| e_name | education | birth      |
+--------+-----------+------------+
```

```
| 余明平 | 硕士    | 1960-05-12 |
| 苏小明 | 硕士    | 1956-04-13 |
| 王君君 | 博士    | 1956-11-18 |
+-------+---------+-----------+
```

（3）统计员工的平均扣税额，只保留一位小数，结果如下：

```
+---------+
| 平均扣税 |
+---------+
|  471.7  |
+---------+
```

（4）查询九三学社包含哪些人，民进（中国民主促进会）包含哪些人，结果如下：

```
+---------+-----------+
| 民主党派 | 姓名       |
+---------+-----------+
| 九三学社 | 李美丽     |
| 民进     | 谢建设、欧阳|
+---------+-----------+
```

（5）查询李明参加工作多少天，结果如下：

```
+---------+---------+
| e_name  | 工作天数 |
+---------+---------+
| 李明     |  12214  |
+---------+---------+
```

（6）查询欧阳的出生日期，以斜线“/”分隔，结果如下：

```
+---------+----------+
| e_name  | 出生日期   |
+---------+----------+
| 欧阳     | 1966/03/08 |
+---------+----------+
```

（7）随机生成一个 [10，20] 区间内的整数，结果如下：

```
+----------------------+
| [10，20] 区间内的随机整数 |
+----------------------+
|          17          |
+----------------------+
```

（8）计算 2022-12-11 前 80 天和后 100 天的日期，结果如下：

```
+-----------+-----------+
| 100 天后    | 80 天前     |
+-----------+-----------+
| 2023-03-21 | 2022-09-22 |
+-----------+-----------+
```

任务要求：

要求撰写实训报告，把完成任务过程中主要操作、命令及关键步骤的截图，遇到的问题与解决方法、未解决或需要进一步探讨的问题，以及任务实践过程中的收获和经验教训写入报告并提交（实训报告见附录）。

任务 3.4 case 表达式和控制流函数

任务目标

◎ 知识目标

1. 掌握 case 表达式的两种语法
2. 掌握 case 表达式在 select、group by、order by、update 等语句中的使用
3. 掌握 if、ifnull 控制流函数的使用

◎ 技能目标

1. 能熟练使用 case 表达式完成各种查询
2. 能利用控制流函数完成各种查询
3. 能使用 case 表达式完成数据的更改

◎ 素养目标

1. 养成分析问题、解决问题的能力
2. 养成创新、责任意识
3. 养成精益求精的工匠精神

任务书

任务	任务 3.4 case 表达式和控制流函数	所属模块	模块 3 数据库的查询开发
任务描述	对数据库 jxgl 中的 student（学生表）、course（课程表）、score（成绩表）、department（院系表）、teacher（教师表）和 teach（授课表）6 张表使用 case 表达式和控制流函数进行操作。		
学习产品	关于 case 表达式和控制流函数的实训报告（见附录）		
学习要求	1. 预习 （1）case 表达式的两种语法格式 （2）case 表达式的基本使用方法 （3）if、ifnull 控制流函数的作用和基本使用方法 2. 掌握 （1）case 表达式的用法 （2）控制流函数的作用和基本使用方法		

知识储备

知识微课堂：case 表达式

3.4.1 case 表达式

case 表达式是 MySQL 中非常重要的技术，通过它可以巧妙地实现一些查询功能，本节将通过几个常见需求来学习该表达式的使用。case 表达式有两种语法形式，一种是简单 case 表达式，另一种是搜索 case 表达式。

1. 简单 case 表达式

简单 case 表达式类似于 Java 中的 switch 结构，语法格式如下：

```
case expression
    when value1 then result1
    when value2 then result2
    ...
    else result
end
```

执行流程如图 3-2 所示。

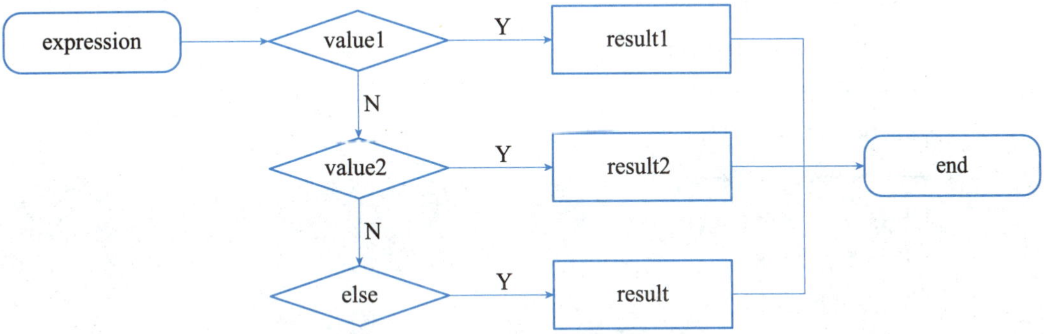

图 3-2 简单 case 表达式执行流程

【例 3-60】查询学生表 student 中"张"姓同学的性别，男性输出 1，女性输出 2。

SQL 语句和执行结果如下：

```
mysql> select s_name, case s_sex
    ->                     when '男' then 1
    ->                     when '女' then 2
    ->                 end as '性别'
    -> from student
    -> where s_name like '张%';
+------------+--------+
| s_name | 性别 |
```

```
+------------+--------+
| 张群     |   1   |
| 张平     |   1   |
| 张早     |   1   |
| 张东妹 |   2   |
+------------+--------+
```

【例 3-61】假设上海路、人民路属于片区 1，北京路、东风路属于片区 2，学院路属于片区 3，其他路属于片区 4，查询学生表，统计各片区学生人数。

SQL 语句和执行结果如下：

```
mysql> select case substring(s_address, 1, 3)
    ->            when '上海路' then '片区 1'
    ->            when '人民路' then '片区 1'
    ->            when '北京路' then '片区 2'
    ->            when '东风路' then '片区 2'
    ->            when '学院路' then '片区 3'
    ->            else '片区 4'
    ->         end as section，count(*)
    -> from student
    -> group by section;
+-----------+--------------+
| section | COUNT(*) |
+-----------+--------------+
| 片区 1 |     3      |
| 片区 2 |     8      |
| 片区 3 |     2      |
| 片区 4 |     4      |
+-----------+--------------+
```

简单 case 表达式正如其名所示，实现简单，但表达能力也有限，因此大多数情况下使用搜索 case 表达式。

2. 搜索 case 表达式

语法格式如下：

```
case
    when cond1 then result1
    when cond2 then result2
    ...
```

```
        else result
    end
```

执行流程如图 3-3 所示。

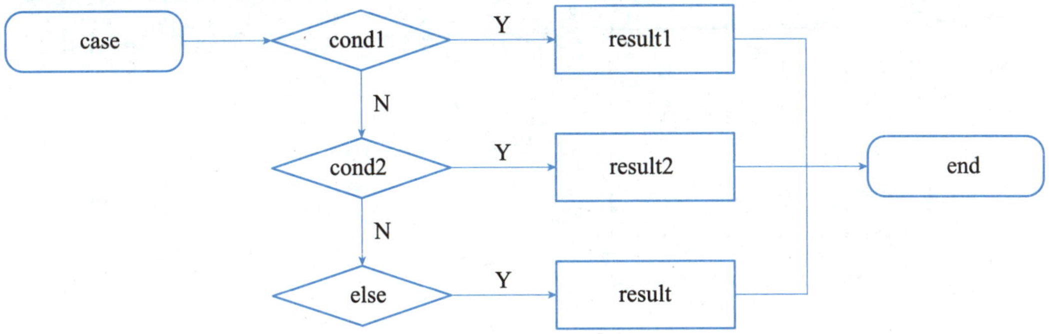

图 3-3 搜索 case 表达式执行流程

3. case 表达式的使用

（1）select 语句使用 case 表达式。

【例 3-62】试通过搜索 case 表达式的方式显示所有“张”姓学生，并且“性别”列中用数字 1 代表男性，数字 2 代表女性。

SQL 语句和执行结果如下：

```
mysql> select s_name, case when s_sex = '男' then 1 else 2 end as '性别'
    -> from student
    -> where s_name like '张 %';
+------------+--------+
| s_name  | 性别 |
+------------+--------+
| 张群     |   1  |
| 张平     |   1  |
| 张早     |   1  |
| 张东妹   |   2  |
+------------+--------+
```

（2）利用 case 表达式完成行列转换。

【例 3-63】行列转换，查询学生表 student，统计各系男、女生人数。

SQL 语句和执行结果如下：

```
mysql> select d_no,
    ->          sum(case when s_sex = '男' then 1 else 0 end) as m_count,
    ->          sum(case when s_sex = '女' then 1 else 0 end) as f_count
```

```
    -> from student
    -> group by d_no;
+--------+------------+------------+
| d_no | m_count | f_count |
+--------+------------+------------+
| D001 |     7    |     0    |
| D002 |     3    |     1    |
| D003 |     2    |     1    |
| D005 |     0    |     2    |
| D006 |     0    |     1    |
+--------+------------+------------+
```

（3）group by 子句使用 case 表达式。

【例 3-64】查询成绩表 score，统计成绩为“优秀”的学生数量、“良好”的学生数量、“及格”的学生数量、“不及格”的学生数量，90 ～ 100 为优秀，80 ～ 89 为良好，60 ～ 79 为及格，0 ～ 59 为不及格。

SQL 语句和执行结果如下：

```
mysql> select case when mark >= 90 then ' 优秀 '
    ->              when mark >= 80 then ' 良好 '
    ->              when mark >= 60 then ' 及格 '
    ->              else ' 不及格 '
    ->         end as level, count( * )
    -> from score
    -> group by level;
+-----------+------------+
| level    | count(*) |
+-----------+------------+
| 良好     |     8    |
| 不及格   |     8    |
| 及格     |    32    |
| 优秀     |     4    |
+-----------+------------+
```

（4）order by 子句使用 case 表达式。

【例 3-65】查询课程表 course，按照专业课、专业基础课、必修课、选修课的顺序显示课程信息。

SQL 语句和执行结果如下：

```
mysql> select*
    -> from course
    -> order by case when c_type= ' 专业课 ' then 1
    ->              when c_type= ' 专业基础课 ' then 2
    ->              when c_type= ' 必修课 ' then 3
    ->              else 4
    ->          end;
+--------+----------------------+-------------+------------+----------------+
| c_no   | c_name               | c_period    | c_credit   | c_type         |
+--------+----------------------+-------------+------------+----------------+
| A001 | MySQL                  |    64       |     3      | 专业课          |
| A003 | 操作系统                |    72       |     3      | 专业基础课      |
| A004 | 数据结构                |    54       |     3      | 专业基础课      |
| A005 | Photoshop              |    54       |     2      | 专业基础课      |
| B001 | 思想政治课              |    60       |     2      | 必修课          |
| B006 | 大学英语                |   128       |     6      | 必修课          |
| C001 | 会计电算化              |    64       |     3      | 必修课          |
| A002 | 计算机文化基础          |    64       |     2      | 选修课          |
| B002 | IT 产品营销             |    48       |     2      | 选修课          |
| B003 | 公文写作                |    45       |     2      | 选修课          |
| B004 | 网页设计                |    32       |     1      | 选修课          |
+--------+----------------------+-------------+------------+----------------+
```

（5）update 更新数据时使用 case 表达式。

【例 3–66】按如下规则更新课程的学分，专业课 *4，必修课 *3，选修课 *2，其他类型的课程不变。

SQL 语句如下：

```
mysql> update course set c_credit = case when c_type = ' 专业课 ' then c_credit*4
    ->                                   when c_type = ' 必修课 ' then c_credit*3
    ->                                   when c_type = ' 选修课 ' then c_credit*2
    ->                                   else c_credit
    ->                              end;
```

注意：

- 各分支返回的数据类型需要保持一致；
- 不要忘记书写最后的 end；
- 各分支条件相互独立，不要存在重叠或包含关系；
- 建议添加 else 分支。

3.4.2 控制流函数

1. if 函数

语法格式如下：

```
if(expr1,expr2,expr3)
```

这个函数有 3 个参数，第一个是要被判断的表达式，如果表达式 expr1 成立，返回结果 expr2；否则，返回结果 expr3。

【例 3-67】查询成绩表 score，获取课程号 A002 的学生的学号、课程号和成绩，显示成绩是否及格，若成绩的值≥ 60，显示为“是”，否则显示为“否”。

SQL 语句和执行结果如下：

```
mysql> select s_no, c_no, if(mark >= 60, '是', '否') as '是否及格'
    -> from score
    -> where c_no = 'A002';
+--------+------+----------+
| s_no   | c_no | 是否及格 |
+--------+------+----------+
| 122001 | A002 | 否       |
| 122002 | A002 | 是       |
| 122004 | A002 | 是       |
| 123003 | A002 | 是       |
+--------+------+----------+
```

【例 3-68】查询学生表 student，统计各系男、女生人数。

SQL 语句和执行结果如下：

```
mysql> select d_no,
    ->        sum(if(s_sex = '男', 1, 0)) as m_count,
    ->        sum(if(s_sex = '女', 1, 0)) as f_count
    -> from student
    -> group by d_no;
+------+---------+---------+
| d_no | m_count | f_count |
+------+---------+---------+
| D001 |       7 |       0 |
| D002 |       3 |       1 |
| D003 |       2 |       1 |
| D005 |       0 |       2 |
| D006 |       0 |       1 |
+------+---------+---------+
```

2. ifnull 函数

ifnull 函数的语法格式如下：

```
ifnull(expr1,expr2)
```

此函数的作用是：判断参数 expr1 是否为 null，如果 expr1 不为空，就显示 expr1 的值；否则就显示 expr2 的值。

【例 3-69】从学生表 student 中查询学号（s_no）和地址（s_address）。如果 s_address 不为 null，显示地址，否则显示“地址未知”。

SQL 语句和执行结果如下：

```
mysql> select s_no, ifnull(s_address, '地址未知')
    -> from student;
+-----------+------------------------------------------+
| s_no      | ifnull(s_address, '地址未知')  |
+-----------+------------------------------------------+
| 122001 | 上海路 8 号                              |
| 122002 | 人民路 9 号                              |
| 122003 | 北京路 188 号                            |
| 122004 | 东风路 66 号                             |
| 122005 | 东风路 110 号                            |
| 122006 | 学院路 89 号                             |
| 122007 | 人民路 67 号                             |
| 122008 | 北京路 38 号                             |
| 122009 | 北京路 18 号                             |
| 122010 | 北京路 1 号                              |
| 122011 | 北京路 8 号                              |
| 122017 | 地址未知                                 |
  ......
+-----------+------------------------------------------+
```

任务实施

在人事管理数据库 rsgl 中进行如下操作：

（1）查询 B001 部门员工的姓名、职称、学历，并按学历（博士、硕士、本科排序），结果如下：

```
+-------+----------+---------+
| e_name | professional | education |
+-------+----------+---------+
```

李美丽	讲师	博士
李明	副教授	硕士
余明平	教授	硕士
李小光	讲师	本科

（2）统计各部门党员和非党员人数，结果如下：

d_id	党员	非党员
A001	2	2
A002	0	1
A004	1	1
A005	0	1
B001	3	1
B002	0	1
B003	4	2
B005	3	0

（3）统计每个员工的收入（基本收入 + 福利 + 补贴 − 公积金 − 个人所得税 − 其他）及等级，收入 >8000 为高，收入 6000 ～ 8000 为中，收入 <6000 为低，结果如下：

e_id	income	收入等级
100100	6546.00	中
100101	8338.00	高
100102	7648.00	中
100103	7390.00	中
100104	7620.00	中
100105	6690.00	中
100106	7760.00	中
100330	8920.00	高
100331	10053.00	高
100332	5740.00	低

（4）使用 if 函数实现各部门党员和非党员人数的查询。

任务要求：

要求撰写实训报告，把完成任务过程中主要操作、命令及关键步骤的截图，遇到的问题与解决方法、未解决或需要进一步探讨的问题，以及任务实践过程中的收获和经验教训写入报告并提交（实训报告见附录）。

任务 3.5 连接查询

任务目标

◎ 知识目标	1. 掌握内连接 inner join 的语法 2. 掌握左外连接 left join 的语法 3. 掌握右外连接 right join 的语法 4. 掌握自连接的语法
◎ 技能目标	1. 能利用内连接完成多表数据的查询 2. 能利用左外连接完成多表数据的查询 3. 能利用右外连接完成多表数据的查询 4. 能利用自连接完成数据的查询
◎ 素养目标	1. 养成实事求是的工作态度 2. 养成查阅资料信息处理的能力 3. 养成举一反三的学习意识，提升职业素养

任务书

任务	任务 3.5　连接查询	所属模块	模块 3　数据库的查询开发
任务描述	利用数据库 jxgl 中的 student（学生表）、course（课程表）、score（成绩表）、department（院系表）、teacher（教师表）和 teach（授课表）6 张完成内连接的各种查询、左外连接的各种查询、右外连接的各种查询以及自连接的查询。		
学习产品	关于连接查询的实训报告（见附录）		
学习要求	1. 预习 （1）什么是内连接，如何实现 （2）什么是左外连接，如何实现 （3）什么是右外连接，如何实现 （4）什么是自连接，如何实现 2. 掌握 （1）内连接 inner join 的用法 （2）左外连接 left join 的用法 （3）右外连接 right join 的用法 （4）自连接的用法		

知识储备

连接运算可以实现多表查询。当两个或多个表中存在相同字段时，可以通过相同字段进行连接查询。MySQL 支持的连接查询主要包括交叉连接、内连接、左（外）连接、右（外）连接和自连接。

首先我们可以简单了解一下交叉连接。

交叉连接语法格式如下：

```
from table_1 [ cross ] join table_2
             [ cross ] join table_3
             ...
             [ cross ] join table_n
```

在交叉连接中是没有连接条件的，表与表之间的记录自由组合。在上述语法格式中，关键字 cross join 可替换为 join 或者 inner join 皆可，这三者是等同的。

在图 3-4 中，A、B、C、D 用来表示连接字段的值，交叉连接是用 left 表中的每一行拼接 right 表中的每一行，假设 left 表有 m1 行 n1 列，right 表有 m2 行 n2 列，则最终生成的交叉连接表具有 m1*m2 行 n1+n2 列。在如图 3-5 所示的具体示例中，left 表有 3 行 3 列，right 表有 3 行 3 列，最终生成的交叉连接表为 9 行 6 列。

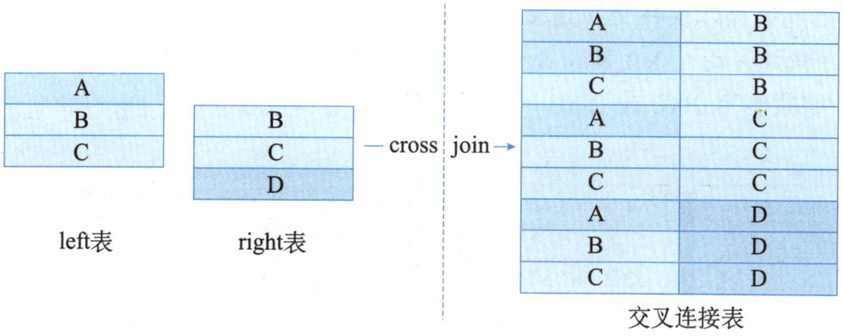

图 3-4 交叉连接原理

left 表

e_no	e_name	d_no
1001	张三	D001
1002	李四	D002
1003	王五	D003

right 表

d_no	d_name	d_mgr
D002	生产	1001
D003	销售	1001
D004	人事	1002

cross join 表

e_no	e_name	d_no	d_no	d_name	d_mgr
1001	张三	D001	D002	生产	1001
1002	李四	D002	D002	生产	1001
1003	王五	D003	D002	生产	1001
1001	张三	D001	D003	销售	1001
1002	李四	D002	D003	销售	1001
1003	王五	D003	D003	销售	1001
1001	张三	D001	D004	人事	1002
1002	李四	D002	D004	人事	1002
1003	王五	D003	D004	人事	1002

图 3-5 交叉连接示例

3.5.1　内连接

内连接用于返回两个表中满足连接条件的数据，使用关键字 inner join 表示，也可以简写成 join，其语法格式如下所示：

知识微课堂：
内连接

```
from table_1 inner join table_2 on condition_1
             inner join table_3 on condition_2
             ...
             inner join table_n on condition_n
```

内连接原理如图 3-6 所示。

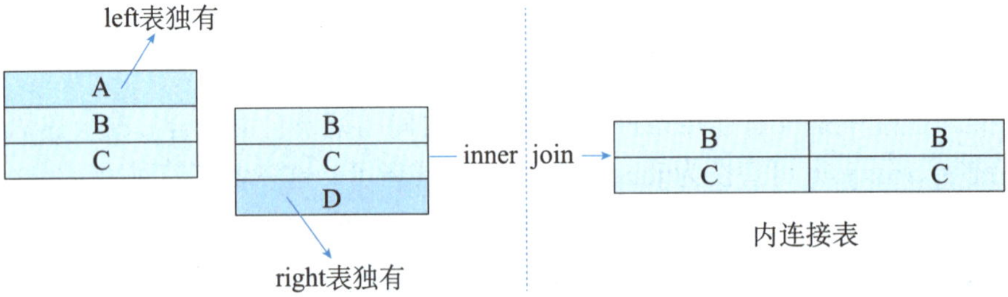

图 3-6　内连接原理

图 3-6 中，A、B、C、D 表示 left 表和 right 表进行连接操作的字段值。假定字段为 key，内连接操作仅在交叉连接的基础上添加了过滤条件：left.key = right.key。如图 3-7 中的示例所示，left 表和 right 表的连接字段为 d_no，内连接仅保留了 left 表和 right 表中字段值为 D002 或 D003 的结果，其他的行都被过滤掉了。

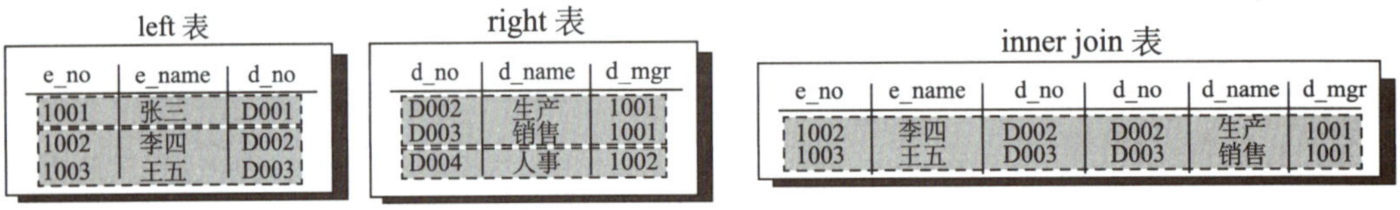

图 3-7　内连接示例图

【例 3-70】查询“李军”各科成绩。

SQL 语句和执行结果如下：

```
mysql> select st.s_name, sc.c_no, sc.mark
    -> from student st join score sc on st.s_no = sc.s_no
    -> where st.s_name = '李军';
+-----------+---------+--------+
| s_name | c_no  | mark |
+-----------+---------+--------+
| 李军     | A001 | 45.0  |
| 李军     | A002 | 68.0  |
```

```
| 李军      | A003 | 67.0 |
| 李军      | B002 | 71.0 |
| 李军      | B003 | 73.0 |
| 李军      | B004 | 74.0 |
+-----------+---------+--------+
```

【例 3–71】查询每位同学的姓名、最高分、最低分、平均分。

SQL 语句和执行结果如下：

```
mysql> select st.s_name, max(sc.mark), min(sc.mark), avg(sc.mark)
    -> from student st join score sc on st.s_no = sc.s_no
    -> group by st.s_name;
+------------+-------------------+------------------+-------------------+
| s_name   | MAX(sc.mark) | MIN(sc.mark) | AVG(sc.mark) |
+------------+-------------------+------------------+-------------------+
| 张群     |      87.0      |      56.0      |    69.75000    |
| 张平     |      87.0      |      67.0      |    77.00000    |
| 余亮     |      89.0      |      67.0      |    77.20000    |
| 李军     |      74.0      |      45.0      |    66.33333    |
| 刘光明   |      75.0      |      75.0      |    75.00000    |
| 叶明     |      96.0      |      56.0      |    74.33333    |
| 张早     |      85.0      |      85.0      |    85.00000    |
| 聂凤卿   |      78.0      |      78.0      |    78.00000    |
| 马志明   |      94.0      |      34.0      |    65.71429    |
| 吴文辉   |      89.0      |      45.0      |    71.00000    |
  ……
| 张东妹   |      79.0      |      53.0      |    69.83333    |
| 方莉     |      69.0      |      69.0      |    69.00000    |
| 刘想     |      98.0      |      45.0      |    76.33333    |
+------------+-------------------+------------------+-------------------+
```

【例 3–72】查询平均成绩大于或等于 75 分的同学的姓名、学号和平均成绩（保留一位小数）。

SQL 语句和执行结果如下：

```
mysql> select st.s_name, st.s_no, round(avg(sc.mark),1) as '平均成绩'
    -> from student st join score sc on st.s_no = sc.s_no
    -> group by st.s_no
    -> having avg(sc.mark) >= 75;
```

```
+-----------+-----------+-------------+
| s_name | s_no    | 平均成绩 |
+-----------+-----------+-------------+
| 张平     | 122002 |     77.0  |
| 余亮     | 122003 |     77.2  |
| 刘光明 | 122005 |     75.0  |
| 张早     | 122007 |     85.0  |
| 聂凤卿 | 122008 |     78.0  |
| 刘想     | 123008 |     76.3  |
+-----------+-----------+-------------+
```

【例 3–73】查询同时学过课程“A001”和“A002”学生的基本信息。

SQL 语句和执行结果如下：

```
mysql> select st.s_no, st.s_name, st.s_sex, st.s_birth, st.d_no, st.s_address, st.s_phone
    -> from student st join score sc on st.s_no = sc.s_no
    -> group by st.s_no
    -> having sum(if(sc.c_no in ( ' A001 ' , ' A002 ' ), 1, 0)) > 1;
+----------+-----------+---------+--------------+--------+--------------+----------------+
| s_no     | s_name | s_sex | s_birth      | d_no | s_address    | s_phone        |
+----------+-----------+---------+--------------+--------+--------------+----------------+
| 122001 | 张群     | 男     | 2000-02-01 | D001 | 上海路8号   |                |
| 122002 | 张平     | 男     | 2001-03-02 | D001 | 人民路9号   |                |
| 122004 | 李军     | 女     | 2002-02-01 | D002 | 东风路66号 | 0209887766 |
| 123003 | 马志明 | 男     | 2001-06-02 | D003 | 安西路10号 |                |
+----------+-----------+---------+--------------+--------+--------------+----------------+
```

【例 3–74】查询“吴”姓同学课程的成绩，结果显示姓名、课程名和成绩。

```
mysql> select st.s_name, c.c_name, sc.mark
    -> from student st join score sc on st.s_no = sc.s_no
    ->                 join course c on c.c_no = sc.c_no
    -> where st.s_name like ' 吴 % ';
+-----------+---------------+--------+
| s_name | c_name        | mark |
+-----------+---------------+--------+
| 吴文辉 | MySQL         | 60.0 |
| 吴文辉 | 操作系统     | 78.0 |
| 吴文辉 | Photoshop  | 89.0 |
```

```
| 吴文辉  | 思想政治课 | 45.0 |
| 吴文辉  | IT 产品营销 | 78.0 |
| 吴文辉  | 公文写作    | 76.0 |
+-----------+----------------+--------+
```

3.5.2 左外连接

知识微课堂：外连接

左外连接语法如下：

```
from table_1 left join table_2 on condition_1
             left join table_3 on condition_2
             ...
             left join table_n on condition_n
```

左外连接原理如图 3-8 所示。

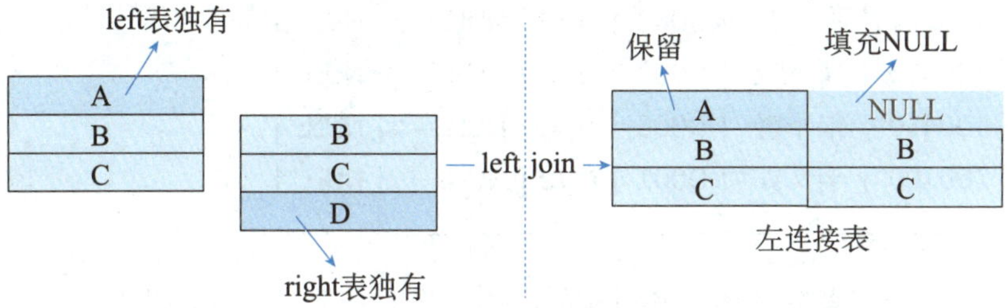

图 3-8 左外连接原理

左外连接是在内连接基础上保留了 left 表中独有的记录，如图 3-8 中 left 表中 A 所示，key=A 这条记录仅在 left 表中存在，right 表中并不存在 key=A 的记录，左外连接的结果需要保留 left 表中的记录，而对应的 right 表记录需要填充 NULL。如图 3-9 中的示例所示，D001 仅在 left 表，right 表中没有 D001，因此左连接表中的 d_no，d_name，d_mgr 需要填充 NULL。

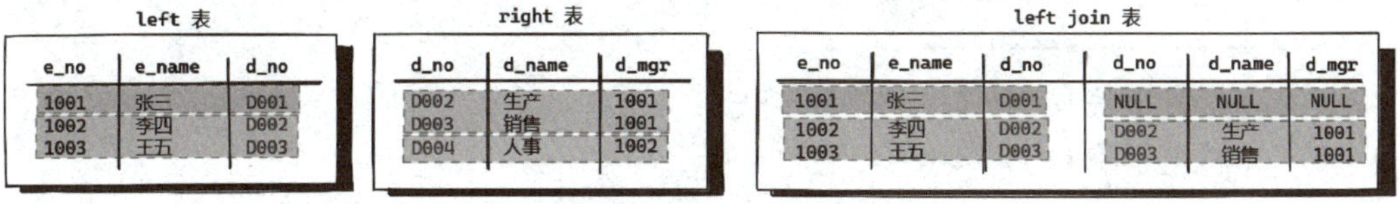

left 表

e_no	e_name	d_no
1001	张三	D001
1002	李四	D002
1003	王五	D003

right 表

d_no	d_name	d_mgr
D002	生产	1001
D003	销售	1001
D004	人事	1002

left join 表

e_no	e_name	d_no	d_no	d_name	d_mgr
1001	张三	D001	NULL	NULL	NULL
1002	李四	D002	D002	生产	1001
1003	王五	D003	D003	销售	1001

图 3-9 左外连接示例

总之，左外连接仅在内连接的基础上保留了 left 表的部分，right 表对应的部分填充 NULL。

【例 3-75】查询每位教师的授课信息。

SQL 语句和执行结果如下：

```
mysql> select * from teacher left join teach on teacher.t_no = teach.t_no;
```

```
+----------+----------+--------+------+----------+-------+
| t_no     | t_name   | d_no   | id   | t_no     | c_no  |
+----------+----------+--------+------+----------+-------+
| 100100 | 陈静     | D001 |    7 | 100100 | B006 |
| 100100 | 陈静     | D001 |    1 | 100100 | A001 |
| 100120 | 丁秋宜   | D001 |    8 | 100120 | B006 |
| 100120 | 丁秋宜   | D001 |    2 | 100120 | A001 |
| 100123 | 钟成梦   | D004 |    4 | 100123 | A003 |
| 100130 | 雷鸣     | D001 |    6 | 100130 | A005 |
| 100135 | 方军     | D008 |    9 | 100135 | B006 |
| 100135 | 方军     | D008 |    5 | 100135 | A004 |
| 100136 | 吕子明   | D008 |   10 | 100136 | B006 |
| 100137 | 夏雪     | D007 | NULL | NULL     | NULL |
| 100140 | 王克南   | D005 | NULL | NULL     | NULL |
| 100201 | 陈静     | D003 | NULL | NULL     | NULL |
| 100310 | 高展翔   | D002 | NULL | NULL     | NULL |
| 100450 | 张平静   | D006 | NULL | NULL     | NULL |
| 200100 | 李文如   | D001 | NULL | NULL     | NULL |
+----------+----------+--------+------+----------+-------+
```

【例 3–76】查询各院系名称和对应的学生人数，按照人数降序排列。

SQL 语句和执行结果如下：

```
mysql> select d.d_name, count(s.s_name) as student_num
    -> from department d left join student s on d.d_no = s.d_no
    -> group by d.d_no
    -> order by student_num desc;
+------------+----------------+
| d_name     | student_num    |
+------------+----------------+
| 信息学院 |        7       |
| 机电学院 |        4       |
| 建工学院 |        3       |
| 管理学院 |        2       |
| 金融学院 |        1       |
| 人文学院 |        0       |
| 外语学院 |        0       |
| 珠宝学院 |        0       |
+------------+----------------+
```

3.5.3 右外连接

右外连接语法如下：

```
from table_1 right join table_2 on condition_1
             right join table_3 on condition_2
             ...
             right join table_n on condition_n
```

右外连接原理如图 3-10 所示。

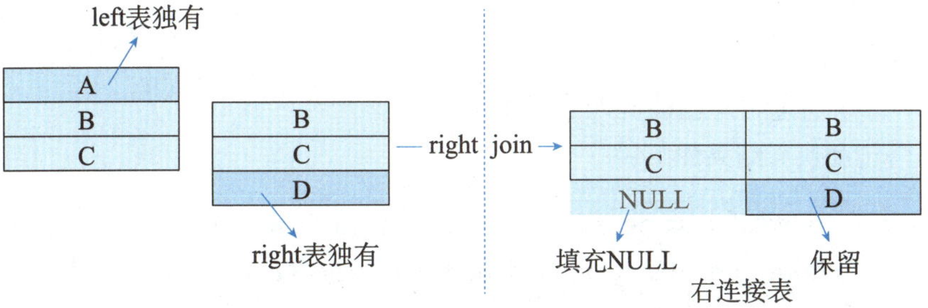

图 3-10 右外连接原理

右外连接和左外连接原理基本相同，只不过是保留 right 表的内容，left 表对应部分填充 NULL。如图 3-11 所示，left 表没有 D004，因此，e_no、e_name、d_no 字段直接填充 NULL。

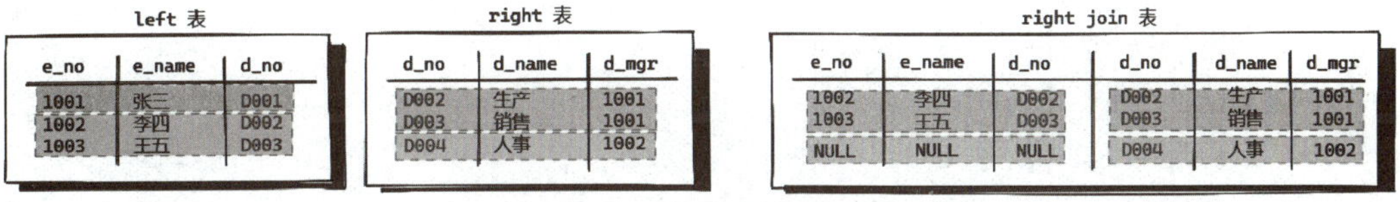

left 表

e_no	e_name	d_no
1001	张三	D001
1002	李四	D002
1003	王五	D003

right 表

d_no	d_name	d_mgr
D002	生产	1001
D003	销售	1001
D004	人事	1002

right join 表

e_no	e_name	d_no	d_no	d_name	d_mgr
1002	李四	D002	D002	生产	1001
1003	王五	D003	D003	销售	1001
NULL	NULL	NULL	D004	人事	1002

图 3-11 右外连接示例图

【例 3-77】通过右外连接方式实现【例 3-75】。

SQL 语句和执行结果如下：

```
mysql> select * from teach right join teacher on teacher.t_no = teach.t_no;
+-------+-----------+---------+------------+-----------+---------+
| id    | t_no      | c_no    | t_no       | t_name    | d_no    |
+-------+-----------+---------+------------+-----------+---------+
|   7   | 100100    | B006    | 100100     | 陈静      | D001    |
|   1   | 100100    | A001    | 100100     | 陈静      | D001    |
|   8   | 100120    | B006    | 100120     | 丁秋宜    | D001    |
|   2   | 100120    | A001    | 100120     | 丁秋宜    | D001    |
|   4   | 100123    | A003    | 100123     | 钟成梦    | D004    |
|   6   | 100130    | A005    | 100130     | 雷鸣      | D001    |
```

```
|   9  | 100135 | B006  | 100135  | 方军    | D008 |
|   5  | 100135 | A004  | 100135  | 方军    | D008 |
|  10  | 100136 | B006  | 100136  | 吕子明  | D008 |
| NULL | NULL   | NULL  | 100137  | 夏雪    | D007 |
| NULL | NULL   | NULL  | 100140  | 王克南  | D005 |
| NULL | NULL   | NULL  | 100201  | 陈静    | D003 |
| NULL | NULL   | NULL  | 100310  | 高展翔  | D002 |
| NULL | NULL   | NULL  | 100450  | 张平静  | D006 |
| NULL | NULL   | NULL  | 200100  | 李文如  | D001 |
+------+--------+-------+---------+---------+------+
```

【例 3-78】通过右外连接实现【例 3-76】。

SQL 语句和执行结果如下：

```
mysql> select d.d_name, count(s.s_name) as student_num
    -> from student s right join department d on d.d_no = s.d_no
    -> group by d.d_no
    -> order by student_num desc;
+------------+-------------+
| d_name     | student_num |
+------------+-------------+
| 信息学院   |      7      |
| 机电学院   |      4      |
| 建工学院   |      3      |
| 管理学院   |      2      |
| 金融学院   |      1      |
| 人文学院   |      0      |
| 外语学院   |      0      |
| 珠宝学院   |      0      |
+------------+-------------+
```

3.5.4 自连接

进行连接操作的表来自相同的表，这种连接被称为自连接（self join）。

【例 3-79】从授课表 teach 中找出授课相同的组合，即同一门课存在多个教师授课的情况。

SQL 语句和执行结果如下：

```
mysql> select distinct t1.t_no, t1.c_no
    -> from teach t1 join teach t2 on t1.c_no = t2.c_no and t1.t_no <> t2.t_no;
```

t_no	c_no
100120	A001
100100	A001
100136	B006
100135	B006
100120	B006
100100	B006

任务实施

在人事管理数据库 rsgl 中进行如下操作：

（1）查询各部门名称及对应的员工数量，结果如下：

d_name	人数
办公室	4
人事处	1
宣传部	0
教务处	2
科技处	1
后勤处	0
信息学院	4
艺术学院	1
外语学院	6
金融学院	1
建筑学院	3

（2）查询各学历对应的平均福利、最低福利、最高福利，结果如下：

education	平均福利	最低福利	最高福利
硕士	4316.67	3500.00	5000.00
本科	4750.00	4500.00	5000.00
博士	4600.00	3600.00	5600.00

（3）查询各部门的名称及对应的男、女员工数，结果如下：

d_name	男员工数	女员工数
办公室	0	4
人事处	0	1
宣传部	0	0
教务处	2	0
科技处	1	0
后勤处	0	0
信息学院	3	1
艺术学院	1	0
外语学院	3	3
金融学院	1	0
建筑学院	2	1

（4）查询“王”姓员工的基本收入，结果如下：

e_name	base
王君君	4500.00
王世明	NULL

（5）仅查询学院的名称及对应的职称的人数，结果按院系名称和职称排序，其中职称的顺序依次为教授、副教授、讲师。

d_name	professional	人数
信息学院	教授	1
信息学院	副教授	1
信息学院	讲师	2
外语学院	教授	3
外语学院	副教授	2
外语学院	讲师	1
建筑学院	讲师	3
艺术学院	副教授	1
金融学院	讲师	1

（6）查询各部门名称及对应的平均基本收入（保留两位有效小数），结果如下：

d_name	平均
办公室	2600
人事处	2400
宣传部	NULL
教务处	NULL
科技处	NULL
后勤处	NULL
信息学院	2533.33
艺术学院	3500
外语学院	3133.33
金融学院	2000
建筑学院	1800

任务要求：

要求撰写实训报告，把完成任务过程中主要操作、命令及关键步骤的截图，遇到的问题与解决方法、未解决或需要进一步探讨的问题，以及任务实践过程中的收获和经验教训写入报告并提交（实训报告见附录）。

任务 3.6　子查询与集合查询

任务目标

◎ 知识目标	1. 掌握子查询可以出现的位置 2. 掌握标量子查询、列子查询、行子查询、表子查询和集合查询
◎ 技能目标	1. 能熟练使用子查询方式完成各种查询需求 2. 能使用集合操作完成查询需求
◎ 素养目标	1. 养成收集、分析和处理资料的能力 2. 养成科学严谨的态度 3. 通过国产数据库案例的讲解养成爱国主义情怀

任务书

任务	任务 3.6　子查询与集合查询	所属模块	模块 3　数据库的查询开发
任务描述	利用数据库 jxgl 中的 student（学生表）、course（课程表）、score（成绩表）、department（院系表）、teacher（教师表）和 teach（授课表），完成标量子查询、列子查询、行子查询、表子查询和集合查询。		
学习产品	关于子查询和集合查询操作的实训报告（见附录）		
学习要求	1. 预习 （1）什么是子查询 （2）学习各种类型的子查询 （3）学习关联子查询和无关子查询 （4）学习集合的 union、intersect、except 操作 2. 掌握 （1）子查询 （2）集合查询		

知识储备

知识微课堂：子查询

3.6.1 子查询

子查询是指嵌套在其他 SQL 语句（如 insert、delete 、select、update 等）中的查询语句。子查询也称为内查询，必须位于括号之中；包含子查询的查询被称为外查询。

MySQL 中的子查询按照返回结果可以分为以下几种类型：

（1）标量子查询：返回单个值（一行一列）的子查询。

（2）列子查询：返回单列结果（多行一列）的子查询。

（3）行子查询（Row subquery）：返回单行结果（一行多列）的子查询。标量子查询是行子查询的一个特例。

（4）表子查询（Table subquery）：返回一个虚拟表（多行多列）的子查询。行子查询是表子查询的一个特例。

子查询按照内查询与外查询之间的关系可分为：

（1）非关联子查询：内查询不依赖外查询的信息，可独立运行。

（2）关联子查询：内查询引用外查询的字段，无法独立运行。

1. 标量子查询

标量子查询是指子查询返回的是单一值的标量，如一个数字或一个字符串。可以使用 =、>、<、>=、<= 等操作符对子查询的标量结果进行比较。

【例 3-80】查询成绩表 score，返回大于平均成绩的记录。

SQL 语句和执行结果如下：

```
mysql> select *
    -> from score
    -> where mark>(select avg(mark)from score);
+-----------+--------+--------+
| s_no      | c_no | mark |
+-----------+--------+--------+
| 122001 | A001 | 87.0  |
| 122001 | A003 | 76.0  |
| 122002 | A002 | 87.0  |
   ……
| 123008 | B001 | 92.0  |
| 123008 | B002 | 78.0  |
| 123008 | B003 | 78.0  |
+-----------+--------+--------+
```

如上述查询所示，标量子查询的结果如同一个常量值一样，返回一个平均值。

2. 列子查询

列子查询是指子查询返回的结果集是 N 行一列，该结果通常来自对表的某个字段查询返回，可以使用 in、any、some 和 all 等操作符，含义见表 3-5。

表 3-5　常用操作符含义

操作符	含义
in	等于任何一个值即可
all	结合比较运算符使用，满足所有值的比较
any/some	结合比较运算符使用，满足任何一个值的比较即可

【例 3-81】查询有授课任务的教师的信息。

SQL 语句和执行如果如下：

```
mysql> select * from teacher where t_no in (select distinct t_no from teach);
+----------+----------+--------+
| t_no     | t_name | d_no |
+----------+----------+--------+
| 100100 | 陈静     | D001 |
| 100120 | 丁秋宜 | D001 |
| 100123 | 钟成梦 | D004 |
| 100135 | 方军     | D008 |
| 100130 | 雷鸣     | D001 |
| 100136 | 吕子明 | D008 |
+----------+----------+--------+
```

3. 行子查询

行子查询是指子查询返回的结果集是一行 N 列，其结果通常是对表的某行数据进行查询而返回的结果集。

【例 3-82】查询与“刘光明”同学同性别、同院系的学生的基本信息。

SQL 语句和执行结果如下：

```
mysql> select *
    -> from student
    -> where (s_sex, d_no) = (select s_sex, d_no from student where s_name=
'刘光明') and s_name <> '刘光明';
+----------+----------+--------+--------------+---------+----------------+----------------+
| s_no     | s_name | s_sex | s_birth      | d_no   | s_address      | s_phone        |
+----------+----------+--------+--------------+---------+----------------+----------------+
```

```
| 122003 | 余亮     | 男     | 2001-06-03 | D002   | 北京路188号 | 0102987654 |
| 123004 | 吴文辉   | 男     | 2001-04-05 | D002   | 学院路9号   |            |
+--------+----------+--------+------------+--------+-------------+------------+
```

4. 表子查询

表子查询是指子查询返回的结果集是 N 行 N 列的一个表数据。表子查询通常用于 from 子句或者查询条件中。

【例 3-83】使用表子查询获取各院系名称和学生的数量。

SQL 语句和执行结果如下：

```
mysql> select d.d_name as '院系名称', ifnull(s.num，0) as '学生数量'
    -> from department d left join (
    ->                  select d_no, count(*) as num from student group by d_no
    ->                  ) s
    ->                  on d.d_no = s.d_no;
+----------+----------+
| 院系名称 | 学生数量 |
+----------+----------+
| 人文学院 |     0    |
| 信息学院 |     7    |
| 外语学院 |     0    |
| 建工学院 |     3    |
| 机电学院 |     4    |
| 珠宝学院 |     0    |
| 管理学院 |     2    |
| 金融学院 |     1    |
+----------+----------+
```

5. 关联子查询

关联子查询是指内部查询引用了外部查询列，即内部查询会对外部查询的每行进行一次计算。需要注意的是，使用关联子查询容易出现错误。

【例 3-84】使用关联子查询获得各个院系的教师的数量，显示院系名称和教师数量。

SQL 语句和执行结果如下：

```
mysql> select d.d_name as '院系名称',
    ->         (select count(*) from teacher t where t.d_no = d.d_no) as '教师数量'
    -> from department d;
+----------+----------+
```

```
| 院系名称  | 教师数量 |
+---------------+---------------+
| 人文学院  |      2       |
| 信息学院  |      4       |
| 外语学院  |      1       |
| 建工学院  |      1       |
| 机电学院  |      1       |
| 珠宝学院  |      1       |
| 管理学院  |      1       |
| 金融学院  |      1       |
+---------------+---------------+
```

6. exists 操作符

exists 操作符检查指定查询是否产生某些行。根据子查询是否返回行，exists 返回 true 或 false，不会返回 unkown，这是和其他操作符（如 in、any、all 等）的区别。not exists 同样如此，只不过功能相反。

【例 3-85】返回不存在女性学生的院系名称。

SQL 语句和执行结果如下：

```
mysql> select d.d_name
    -> from department d
    -> where not exists (
    ->          select 1 from student st where st.d_no=d.d_no and st.s_sex= ' 女 ' );
+---------------+
| d_name    |
+---------------+
| 人文学院 |
| 信息学院 |
| 外语学院 |
| 珠宝学院 |
+---------------+
```

3.6.2 集合查询

在之前的版本中，关于集合的运算，MySQL 只提供了并集（union）操作。从 MySQL 8.0.31 版本开始，MySQL 提供了对集合的交集（intersect）和差集（except）的支持，如图 3-12 所示。借助于集合运算，很多的查询操作都将得到简化，从而提高工作效率。

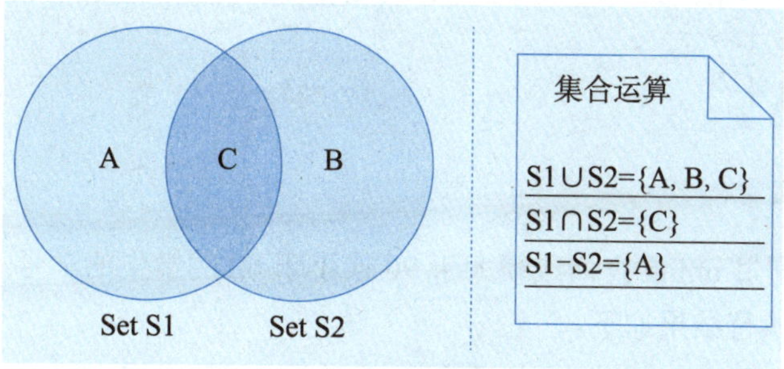

图 3–12 集合操作

1. 并集（union）

union 操作符用于将两个查询结果合并成一个结果集，如图 3-12 所示的 S1∪S2。基本语法格式如下：

```
select col_a1, col_a2, ... from table1
union [distinct | all]
select col_b1, col_b2, ... from table2;
```

与 union 相关的详细信息可通过执行下列命令查看：

```
mysql> help union
```

对于上述语法，需要做如下几点说明：

（1）distinct 表示对合并后的结果去重；all 表示保留结果集中的全部记录（不去重），如果省略，默认为 distinct。

（2）列的数据类型必须兼容（如 col_a1 列和 col_b1 列，col_a2 列和 col_b2 列），类型不必完全相同，但是必须可以隐式转换。

（3）每个 select 语句中的列必须以相同的顺序排列，如 col_a1，col_a2 与 col_b1，col_b2 表达相同的含义。

【例 3–86】通过 union all 查询成绩大于 90 或小于 60 的学生的学号。

SQL 语句和执行结果如下：

```
mysql> select s_no from score where mark > 90
    -> union all
    -> select s_no from score where mark < 60;
+------------+
| s_no      |
+------------+
| 122006 |
| 123003 |
| 123008 |
```

```
| 123008 |
| 122001 |
  ……
+------------+
```

【例 3–87】通过 union 查询成绩大于 90 或小于 60 的学生的学号。

SQL 语句和执行结果如下：

```
mysql> select s_no from score where mark > 90
    -> union
    -> select s_no from score where mark < 60;
+------------+
| s_no     |
+------------+
| 122006 |
| 123003 |
| 123008 |
| 122001 |
| 122004 |
| 123004 |
| 123006 |
+------------+
```

【例 3–88】通过 union 查询成绩大于 90 或小于 60 的学生的学号，并按学号降序显示。

SQL 语句和执行结果如下：

```
mysql> select s_no from score where mark > 90
    -> union
    -> select s_no from score where mark < 60
    -> order by s_no desc;
+-----------+
| s_no     |
+-----------+
| 123008 |
| 123006 |
| 123004 |
| 123003 |
| 122006 |
| 122004 |
```

```
| 122001 |
+-----------+
```

▶ 提示：

union 和 union all 的 order by 子句要写在最后一条 select 语句后面，虽然 order by 看似只是最后一条 select 语句的组成部分，但实际上 MySQL 将用它来排序 select 语句返回的所有结果。如果合并的查询需要分别排序，如例 3-89 所示：

```
(select col_a1, col_a2, ... from table1)
union [distinct | all]
(select col_b1, col_b2, ... from table2)
```

【例 3-89】通过查询成绩表 score，返回成绩第一名和最后一名的学生的学号和成绩。

SQL 语句和执行结果如下：

```
mysql> (select s_no, mark from score order by mark desc limit 1)
    -> union
    -> (select s_no, mark from score order by mark limit 1);
+-----------+--------+
| s_no      | mark |
+-----------+--------+
| 123008 | 98.0  |
| 123003 | 34.0  |
+-----------+--------+
```

2. 交集（intersect）

intersect 操作符用于获取两个查询结果的共同部分，如图 3-12 所示的 S1 ∩ S2。基本语法格式如下：

```
select col_a1, col_a2, ... from table1
intersect [distinct | all]
select col_b1, col_b2, ... from table2;
```

与 intersect 相关的详细信息可通过执行下列命令查看：

```
mysql> help intersect
```

语法格式需要说明的内容请参照 union 的介绍。

【例 3-90】通过查询成绩表 score，获取有哪些同学共同选修了“A001”课程和“A002”课程。

SQL 语句和执行结果如下：

```
mysql> select s_no from score where c_no = ' A001 '
```

```
        -> intersect
        -> select s_no from score where c_no = ' A002 ' ;
+-----------+
| s_no    |
+-----------+
| 122001 |
| 122002 |
| 122004 |
| 123003 |
+-----------+
```

3. 差集（except）

except 操作符表示获取出现在第一个查询结果中，但不在第二个查询结果中的数据，如图 3-12 所示的 S1-S2。基本语法格式如下：

```
select col_a1, col_a2, ... from table1
except [distinct | all]
select col_b1, col_b2, ... from table2;
```

与 except 相关的详细信息可通过执行下列命令查看：

```
mysql> help except
```

语法格式需要说明的内容请参照 union 的介绍。

【例 3-91】查询没有授课任务的教师的编号。

SQL 语句如下：

```
mysql> select t_no from teacher
    -> except
    -> select t_no from teach;
```

任务实施

在人事管理数据库 rsgl 中进行如下操作：

（1）查询和赵剑职称、学历、政治背景相同的员工，并显示该员工的姓名、职称、学历、政治背景，结果如下：

```
+-------+-------------+----------+--------+
| e_name | professional | education | political |
+-------+-------------+----------+--------+
| 胡晓群 | 讲师          | 博士      | 党员     |
+-------+-------------+----------+--------+
```

（2）查询没有员工的部门的名称，结果如下：

```
+---------+
| d_name  |
+---------+
| 宣传部  |
| 后勤处  |
+---------+
```

（3）查年龄大于 50，并且是信息学院与外语学院的员工姓名和性别，结果如下：

```
+------+---+
| e_name | sex |
+------+---+
| 李明   | 男 |
| 张伟键 | 男 |
| 余明平 | 男 |
| 苏小明 | 男 |
| 王君君 | 女 |
| 欧阳   | 女 |
| 苏珍珍 | 女 |
+------+---+
```

（4）查询收入最高（收入 = 基本收入 + 福利 + 补贴 − 公积金 − 个人所得税 − 其他）和最低的员工编号和收入，结果如下：

```
+------+-------+
| e_id   | income   |
+------+-------+
| 100331 | 10053.00 |
| 100332 |  5740.00 |
+------+-------+
```

（5）查询超过基本收入平均值的员工的姓名，结果如下：

```
+--------+
| e_name  |
+--------+
| 李小光  |
| 李正中  |
| 王君君  |
+--------+
```

任务要求：

要求撰写实训报告，把完成任务过程中主要操作、命令及关键步骤的截图，遇到的问题与解决方法、未解决或需要进一步探讨的问题，以及任务实践过程中的收获和经验教训写入报告并提交（实训报告见附录）。

拓展阅读　国产数据库十大案例

软件是新一代信息技术的灵魂，是数字经济发展的基础。而数据库作为复杂且跨技术领域较多的关键基础软件，所有应用软件的运行和数据处理都要与其进行数据交互，所以数据库对于计算产业的重要性不言而喻。

随着数字经济时代进程推进，数据量不断爆炸式扩张。同时，国产化替代加速，国产数据库迎来政策红利和巨大机遇。

从企业发展来看，一方面，达梦、人大金仓、南大通用深耕数据库研发，其产品稳定性有一定保证；另一方面，腾讯、阿里、京东以其雄厚的资本力量和自身海量数据处理的需求而迅速崛起，成为国产数据库的中坚力量。

在产品研发上，借助政策红利和市场需求，数据库厂商的研发劲头越来越足，新产品的推出速度越来越快。国产厂商经过多年的技术研发和经验积累，从引进技术、研究、创新再自主创新，实力不断增强，产品性能越来越好，专利申请数量越来越多，国产阵营日益强盛。

根据 2024 年的中国数据库流行度排行榜，以下是中国十大国产数据库：

（1）阿里云 PolarDB：云原生数据库。

（2）蚂蚁金服 OceanBase：分布式关系型数据库。

（3）PingCAP 公司 TiDB：开源分布式关系型数据库。

（4）华为 openGaus：开源关系型数据库。

（5）中国人民大学人大金仓：关系型数据库。

（6）华为 GaussDB：云数据库。

（7）南大通用 GBase：数据库系列产品。

（8）武汉达梦数据库股份有限公司达梦数据库：通用关系型数据库。

（9）金篆科技 GoldenDB：金融行业核心业务系统数据库。

（10）腾讯云 TDSQL：分布式数据库。

模块4

数据库高级应用开发

知识导图

- 模块4 数据库高级应用开发
  - 任务4.1 视图的开发
    - 视图的概念
    - 创建视图
    - 查看视图
    - 使用视图
    - 删除视图
  - 任务4.2 索引的开发
    - 认识索引
    - 创建索引
    - 查看索引
    - 删除索引
  - 任务4.3 存储过程和函数的开发
    - 存储过程和函数的基本操作
    - 存储过程和函数的编程功能
  - 任务4.4 事务的开发
    - 认识事务
    - 事务的特点（ACID）
    - 事务的控制
    - 事务的隔离级别

任务 4.1 视图的开发

任务目标

◎ 知识目标	1. 理解视图 2. 了解视图特性 3. 掌握创建、查看、使用和删除视图的方法
◎ 技能目标	1. 能创建、查询、修改和删除视图 2. 能通过视图对数据进行操作
◎ 素养目标	1. 提高专业沟通能力，养成团队意识 2. 自觉遵守相关法律法规及道德与伦理准则，提高自身社会责任感

任务书

任务	任务 4.1　视图的开发	所属模块	模块 4　数据库高级应用开发
任务描述	从认识 MySQL 视图着手，学习视图的各种操作，主要包括创建、查看、使用和删除视图。		
学习产品	有关视图的创建、查看使用和删除等操作的实训报告（见附录）		
学习要求	1. 预习 （1）试解释视图 （2）视图的特性 （3）如何创建、查看、使用和删除视图 2. 掌握 （1）视图的创建、查看、使用和删除 （2）通过视图对数据进行操作		

知识储备

出于安全的原因，有时要隐藏一些重要的数据信息。例如，社会保险基金表包含着客户很多重要信息，如果要求只显示姓名、地址等基本信息，不显示社会保险号和工资数等重要信息，这时可以创建一个视图，在原有的表（或者视图）的基础上重新定义一张虚拟表，选取基本的或对用户有用的信息，屏蔽掉那些对用户没有用，或者用户没有权限了解的信息，保证数据的安全。再如，我们在使用查询功能时，很多时候要使用聚合函数，可能还要关联好几张表，查询语句会显得比较复杂，而且经常要使用这样的查询。遇到这种情况，数据库设计人员可以预先通过视图创建好查询。一方面，屏蔽了复杂的数据关系；另一方面，用户只需从建好的视图进行查询，就可以轻松得到想要的信息，操作简单化。

4.1.1 视图的概念

知识微课堂：视图原理

视图（view）是一种虚拟存在的表，本质上就是一个存储在数据库中的查询语句，因此，视图并不存储数据，数据来自定义视图时所引用的表，并且在引用视图时动态生成。

合理地使用视图有以下优点：

（1）简单：将复杂的查询定义为视图，直接基于视图进行操作，隐藏具体的实现。

（2）数据独立：一旦视图的结构确定了，可以屏蔽表结构变化对用户的影响。

（3）安全：使用视图的用户只能访问他们被允许访问的内容，如此可以限制访问某些敏感信息，例如身份证号、工资等。

另一方面，不合理地使用视图也可能带来性能问题，例如视图定义使用了复杂的查询，或者在大规模数据情况下使用视图，因而在使用视图之前最好进行相关的测试。

4.1.2 创建视图

知识微课堂：创建视图

创建视图的语法如下：

```
create [or replace]  view view_name [(column_list)]as select_statement;
```

▶ 提示：

（1）view_name 为视图名。视图属于数据库。在默认情况下，在当前数据库中创建视图。如果要在其他给定数据库中创建视图，应将名称指定为 db_name.view_name。

（2）create view 语句能创建新的视图，如果给定了 or replace 子句，该语句能替换已有的视图。

（3）select_statement 是用来创建视图的 select 语句，它给出了视图的定义。该语句可从基本表（一个或两个以上的表）或其他视图中进行选择。

（4）默认情况下，由 select 语句检索的列名将用作视图列名。如果想为视图列定义另外的名称，可使用 column_list 子句，列出由逗号隔开的列名称。但要注意的是，column_list 中的名称数目必须等于 select 语句检索的列数。

（5）视图就是一个存储在数据库中的查询语句。视图本身不包含数据，数据库中只存储视图的定义语句。

注意：虽然 MySQL 支持在视图定义中使用 order by 子句，但是不建议在视图的定义中使用 order by 子句，因为它并不能保证最终排序的结果，而且可能由于不必要的排序降低查询的性能。

1. 基于单表创建

视图可以直接基于单表的行列子集，如图 4-1 所示，视图直接取了表 1 中的 A、B、C 三列的部分数据。

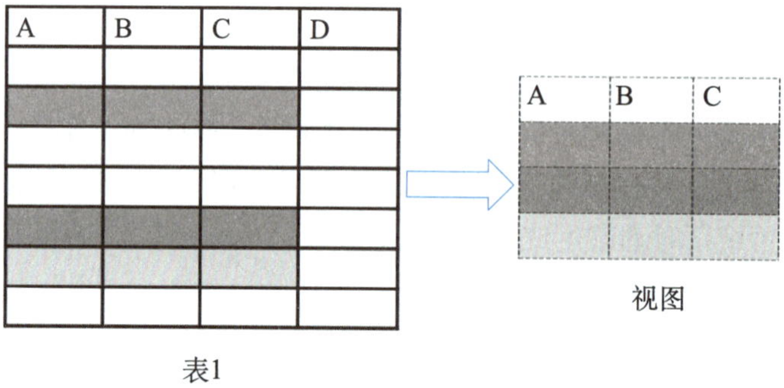

图 4-1　视图基于单表的行列子集

【例 4-1】基于 student 表创建包含学号、姓名、性别、院系的视图 view_student。

SQL 语句如下：

```
mysql> create or replace view view_student
    -> as
    -> select s_no, s_name, s_sex, d_no from student;
```

2. 基于多表创建

视图也可以直接基于多表的行列子集，如图 4-2 所示，视图直接取自表 1 中的 A、D 两列的部分数据和表 2 中的 F、G 两列的部分数据。

【例 4-2】创建视图 view_mark，包括姓名、课程名和成绩字段。

SQL 语句如下：

```
mysql> create view view_mark
    -> as
    -> select st.s_name, cs.c_name, sc.mark
    -> from student st join score sc on st.s_no = sc.s_no
    ->                join course cs on sc.c_no = cs.c_no;
```

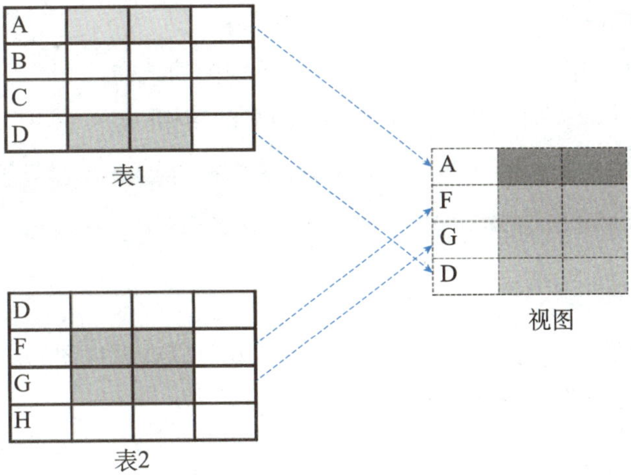

图 4-2 视图基于多表的行列子集

3. 基于视图创建

【例 4-3】基于视图 view_mark 创建新视图 view_mark_statistics，统计每位学生的总成绩、平均成绩。

SQL 语句如下：

```
mysql> create view view_mark_statistics
    -> as
    -> select s_name, sum(mark) as sum_mark, avg(mark) as avg_mark
    -> from view_mark
    -> group by s_name;
```

因修改视图的定义和创建视图的过程基本一致，只是将 create or replace view（该语句也可以修改视图）换成 alter view 即可，唯一需要注意的是 alter view 语句需要的视图名已存在，其他参数和 create view 语句完全一致，故不再重复。

4.1.3 查看视图

查看视图是指查看数据库中已存在的视图的定义。查看视图的方法包括 show tables 语句、desc 语句和 show create view 语句等。

知识微课堂：查看视图

1. 查看已创建的视图

视图是一个虚表，所以视图的查询还是同查询基本表一样，用 show tables 命令进行查看。

【例 4-4】查看已创建的视图。

SQL 语句如下：

```
mysql> show tables like ' view_% ' ;
```

2. 查看视图结构

和查看表结果一样，通过 desc 命令可以查看视图的结构。

【例 4-5】使用 desc 命令查看视图 view_mark 的结构。

SQL 语句如下：

```
mysql> desc view_mark;
```

3. 查看视图的定义

类似查看表的定义，通过 show create view 语句可以查看视图的定义。

【例 4-6】查看视图 view_mark 的定义。

SQL 语句如下：

```
mysql> show create view view_mark \G
```

4.1.4 使用视图

1. 查询数据

【例 4-7】通过视图 view_mark，查询选修了“操作系统”课程且成绩在及格及以上的学生。

SQL 语句如下：

```
mysql> select s_name, c_name, mark
    -> from view_mark
    -> where c_name= ' 操作系统 ' and mark >= 60;
```

2. 插入数据

【例 4-8】向视图 view_student 插入下列数据：

```
+-----------+-------------+---------+--------+
| s_no      | s_name      | s_sex   | d_no   |
+-----------+-------------+---------+--------+
| 124008 | 张三           | 男      | D001 |
| 124013 | 李四           | 男      | D002 |
+-----------+-------------+---------+--------+
```

SQL 语句如下：

```
mysql> insert into view_student(s_no,s_name,s_sex,d_no)
    -> values( ' 124008 ' , ' 张三 ' , ' 男 ' , ' D001 ' ),
    ->        ( ' 124013 ' , ' 李四 ' , ' 男 ' , ' D002 ' );
```

3. 更新数据

【例 4-9】更新视图 view_student 中“张三”的院系编号为“D003”。

SQL 语句如下：

```
mysql> update view_student
    -> set d_no = ' D003 '
    -> where s_name = ' 张三 ';
```

【例 4-10】通过视图 view_mark 修改“张群”的 MySQL 课程的成绩为 76。

SQL 语句如下：

```
mysql> update view_mark
    -> set mark=76
    -> where s_name= ' 张群 ' and c_name= ' MySQL ';
```

▶ 提示：

若一个视图依赖于多个基本表，则一次更新只能修改一个基本表的数据，不能同时修改多个基本表的数据。

4. 删除数据

【例 4-11】通过视图 view_student 删除“章伟峰”的记录。

SQL 语句如下：

```
mysql> delete from view_student
    -> where s_name = ' 章伟峰 ';
```

▶ 提示：

（1）对于查询而言，视图和表没有任何区别，前面讲过的查询内容同样适用于视图。

（2）对于视图的更新操作（这里说的更新是指通过视图实现数据插入、删除和修改操作）并不完全像上述几个示例所示，相反，对于视图的更新存在诸多的限制。因为对视图的更新最终要转换为对基本表的更新，而在关系数据库中，并不是所有的视图都是可更新的，其根本原因在于：对视图的更新不能唯一、有意义地转换为对相应基本表的更新。因此，对于下列几种视图是不可更新的：

1）若一个视图依赖于多个基本表，则一次更新只能修改一个基本表的数据，不能同时修改多个基本表的数据。如图 4-3 所示，视图画粗线表示更新此行的内容，此时便会同时修改表 1 和表 2，这是不允许的。

2）若视图中的记录到基本表中的记录是不可逆，则该视图是不可更新的。如图 4-4 所示，视图数据来源于聚合函数、数学表达式或者 distinct、union、group by、having 等子句，导致无法转换到基本表的数据，该视图不可更新。

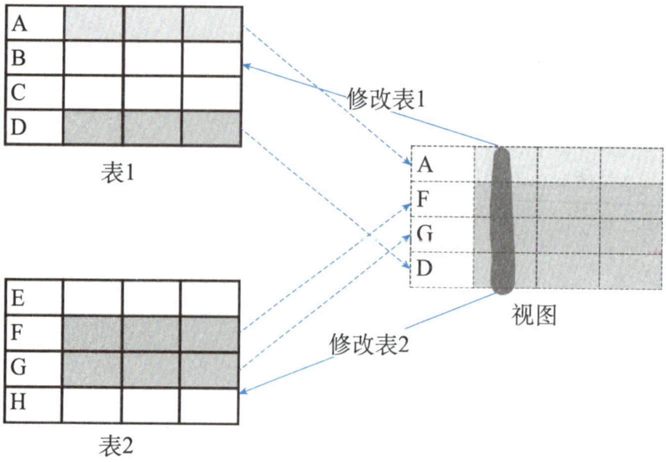

图 4-3　同时修改多张表的数据

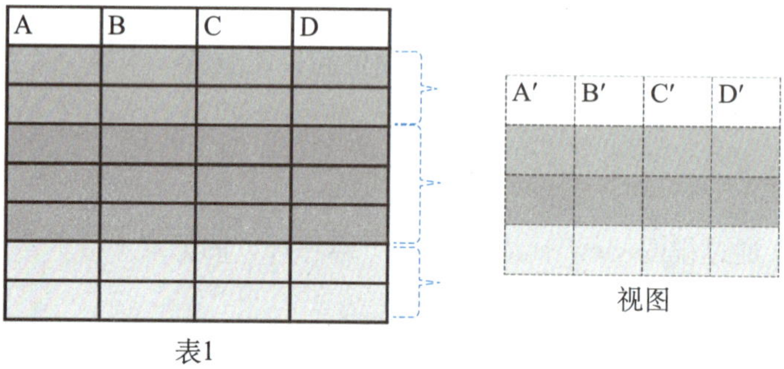

图 4-4　视图的数据到表数据不可逆

3）若视图的字段列表不包含基表中被定义为非空的列，则该视图同样不可更新，如图 4-5 所示，视图由黑色虚线标识的字段组成，若图中方框标识的字段有任何一个设置为非空，则视图不可更新。

Field	Type	Null	Key	Default	Extra
s_no	char(6)	NO	PRI	NULL	
s_name	varchar(20)	NO		NULL	
s_sex	enum('男','女')	**YES**		男	
s_birth	date	**YES**		NULL	
s_address	varchar(20)	YES		NULL	
s_phone	varchar(20)	YES		NULL	
s_photo	blob	YES		NULL	
d_no	char(4)	YES NO		NULL	

NO

图 4-5　视图不包含基本表中的非空列

从上面的分析可以看出，借助于视图完成基本表中的数据更新存在诸多限制，因此在实际应用中建议视图仅作为查询使用，这也是设计视图的原本意图。

4.1.5 删除视图

删除视图的语法如下：

```
drop view [if exists] view_name1, view_name2, ... ;
```

▶ 提示：

（1）声明了 if exists，视图不存在的话，也不会出现错误信息。

（2）一次性删除多个视图时，视图之间通过逗号（,）分隔。

【例 4-12】删除视图 view_mark、view_mark_statistics、view_student。

SQL 语句如下：

```
mysql> drop view if exists view_mark, view_mark_statistics, view_student;
```

任务实施

在人事管理数据库 rsgl 中进行如下操作：

（1）创建视图，统计每个院系博士、硕士、本科的人数，并查询视图，运行效果如下：

d_id	博士	硕士	本科
B001	1	2	1
B003	2	2	2
A001	1	2	1
A002	0	1	0
A004	0	2	0
A005	1	0	0
B005	2	1	0
B002	0	1	0

（2）创建视图，统计院系编号为“A001”的员工的姓名、编号、性别、出生日期，并查询视图，运行效果如下：

e_name	e_id	sex	birth
石小华	100103	女	1978-06-07
张平娜	200103	女	1989-04-23
张白燕	200220	女	1987-05-01

```
|李青青 |200221|女  |1964-10-06 |
+-------+------+---+-----------+
```

（3）创建视图，统计每个院系的最高基本工资、最低基本工资和平均基本工资（保留 2 位小数），并查询视图，运行效果如下：

```
+----+------------+------------+------------+
|d_id |最高基本工资 |最低基本工资 |平均基本工资 |
+----+------------+------------+------------+
|B001|  3000.00   |  2000.00   |  2533.33   |
|B003|  4500.00   |  2400.00   |  3133.33   |
|A001|  2600.00   |  2600.00   |  2600.00   |
|A002|  2400.00   |  2400.00   |  2400.00   |
|B002|  3500.00   |  3500.00   |  3500.00   |
|B005|  1800.00   |  1800.00   |  1800.00   |
+----+------------+------------+------------+
```

（4）创建视图，统计暂时没有员工的院系名称、院系编号，并查询视图，运行效果如下：

```
+------+----+
|d_name|d_id |
+------+----+
|宣传部 |A003|
|后勤处 |A006|
+------+----+
```

（5）删除以上创建的视图。

任务要求：

要求撰写实训报告，把完成任务过程中主要操作、命令及关键步骤的截图，遇到的问题与解决方法、未解决或需要进一步探讨的问题，以及任务实践过程中的收获和经验教训写入报告并提交（实训报告见附录）。

任务 4.2 索引的开发

任务目标

◎ 知识目标	1. 掌握索引的定义 2. 了解索引的分类 3. 理解索引的设计原则
◎ 技能目标	1. 掌握创建索引的方法 2. 掌握管理索引的方法
◎ 素养目标	1. 养成勇于创新、善于发展的意识 2. 养成科学严谨的工作态度，在实践中提高专业技能和职业素养

任务书

任务	任务 4.2 索引的开发	所属模块	模块 4 数据库高级应用开发
任务描述	本任务将从认识索引、索引的分类以及索引的设计原则等方面着手，介绍创建和管理索引的方法。特别要注意的是，索引并不是越多越好，要正确认识索引的重要性和设计原则，创建合适的索引。		
学习产品	关于索引的创建、查看与删除等操作的实训报告（见附录）		
学习要求	1. 预习 （1）索引的定义 （2）MySQL 的索引分类 （3）索引的设计原则 （4）创建索引有几种方式，分别是哪几种方式 （5）如何查看索引 （6）如何删除索引 2. 掌握 （1）索引的概念与原理 （2）索引的创建、查看与删除		

知识储备

知识微课堂：
索引的工作原理

4.2.1 认识索引

索引是一种特殊的数据库结构，可以用来快速查询数据库表中的记录。对于索引的理解可以直接类比查字典。如图 4-6 所示，当我们需要查找某个汉字的意思时，我们并不是从头挨个寻找汉字，而是通过拼音索引快速锁定汉字所在的页码，进而找到对应汉字的解释。如果我们并不知道汉字的读音，可以通过部首笔画索引快速锁定汉字的页码，从而找到汉字的读音和解释。

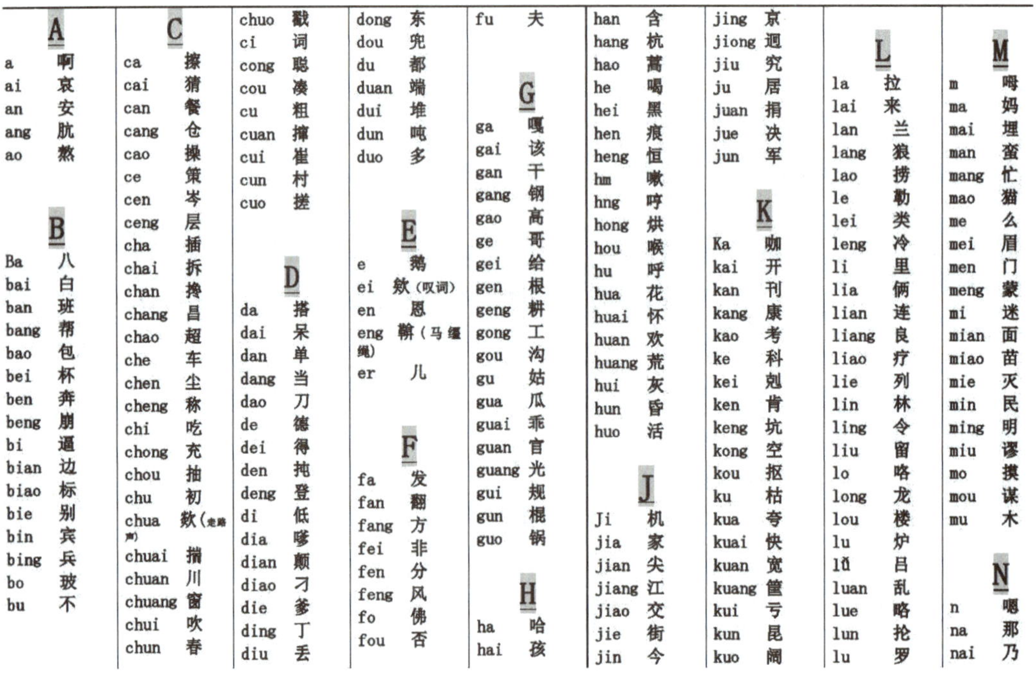

A
a 啊
ai 哀
an 安
ang 肮
ao 熬

B
Ba 八
bai 白
ban 班
bang 帮
bao 包
bei 杯
ben 奔
beng 崩
bi 逼
bian 边
biao 标
bie 别
bin 宾
bing 兵
bo 玻
bu 不

C
ca 擦
cai 猜
can 餐
cang 仓
cao 操
ce 策
cen 岑
ceng 层
cha 插
chai 拆
chan 搀
chang 昌
chao 超
che 车
chen 尘
cheng 称
chi 吃
chong 充
chou 抽
chu 初
chua 欻（走路声）
chuai 揣
chuan 川
chuang 窗
chui 吹
chun 春
chuo 戳
ci 词
cong 聪
cou 凑
cu 粗
cuan 撺
cui 崔
cun 村
cuo 搓

D
da 搭
dai 呆
dan 单
dang 当
dao 刀
de 德
dei 得
den 扽
deng 登
di 低
dia 嗲
dian 颠
diao 刁
die 爹
ding 丁
diu 丢
dong 东
dou 兜
du 都
duan 端
dui 堆
dun 吨
duo 多

E
e 鹅
ei 欸（叹词）
en 恩
eng 鞥（马缰绳）
er 儿

F
fa 发
fan 翻
fang 方
fei 非
fen 分
feng 风
fo 佛
fou 否
fu 夫

G
ga 嘎
gai 该
gan 干
gang 钢
gao 高
ge 哥
gei 给
gen 根
geng 耕
gong 工
gou 沟
gu 姑
gua 瓜
guai 乖
guan 官
guang 光
gui 规
gun 棍
guo 锅

H
ha 哈
hai 孩
han 含
hang 杭
hao 蒿
he 喝
hei 黑
hen 痕
heng 恒
hm 噷
hng 哼
hong 烘
hou 喉
hu 呼
hua 花
huai 怀
huan 欢
huang 荒
hui 灰
hun 昏
huo 活

J
Ji 机
jia 家
jian 尖
jiang 江
jiao 交
jie 街
jin 今
jing 京
jiong 迥
jiu 究
ju 居
juan 捐
jue 决
jun 军

K
Ka 咖
kai 开
kan 刊
kang 康
kao 考
ke 科
kei 剋
ken 肯
keng 坑
kong 空
kou 抠
ku 枯
kua 夸
kuai 快
kuan 宽
kuang 筐
kui 亏
kun 昆
kuo 阔

L
la 拉
lai 来
lan 兰
lang 狼
lao 捞
le 勒
lei 类
leng 冷
li 里
lia 俩
lian 连
liang 良
liao 疗
lie 列
lin 林
ling 令
liu 留
lo 咯
long 龙
lou 楼
lu 炉
lǚ 吕
luan 乱
lue 略
lun 抡
lu 罗

M
m 呣
ma 妈
mai 埋
man 蛮
mang 忙
mao 猫
me 么
mei 眉
men 门
meng 蒙
mi 迷
mian 面
miao 苗
mie 灭
min 民
ming 明
miu 谬
mo 摸
mou 谋
mu 木

N
n 嗯
na 那
nai 乃

图 4-6　拼音索引

出于不同的查找需求，我们会为字典建立不同的索引目录，但最终的目的都是一样的：最快地查找到汉字的信息。MySQL 同样如此，出于不同的需求会使用不同的索引。MySQL 中日常使用的索引主要包括如下几种：

（1）普通索引（index）。普通索引的关键字是 index。这是最基本的索引，没有任何限制。

（2）唯一性索引（unique）。唯一性索引的关键字是 unique。与普通索引相似，但是唯一性索引列的值必须唯一，允许有空值。如果是组合索引，则列值的组合必须唯一。在一个表上可以创建多个唯一性索引。

（3）主键索引（primary key）。它是一种特殊的唯一性索引，不允许有空值。一般是在建表的时候同时创建主键索引。也可通过修改表的方法增加主键，但一张表只能有一个主键索引。

4.2.2　创建索引

知识微课堂：
创建索引

创建索引有 3 种方式，分别是创建表时创建索引、使用 creat index 语句创建索引和使用 alter table 语句创建索引。下面将详细讲解这 3 种创建索引的方法。

1. 创建表时创建索引

创建表的时候可以直接创建索引，这种方式最简单、方便。主键索引和唯一性索引在前面讲解约束的时候实际上已经完成了创建，也就是说在创建主键约束和唯一性约束的时候会自动添加索引，这里主要讲解普通索引的创建方式，语法同创建表时一样，但关键字是 index (col_name, ...)。

【例 4–13】创建表 student2，s_no 为主键索引，s_name 为唯一性索引，并在 s_address 列上前 6 位字符创建索引。

SQL 语句如下：

```
mysql> create table student2
    -> (
    ->      s_no char(6) primary key comment ' 学号 ',
    ->      s_name varchar(20) unique comment ' 姓名 ',
    ->      sex char(2) default ' 男 ' comment ' 性别 ',
    ->      birth date comment ' 出生日期 ',
    ->      d_no char(6) comment ' 所在系部 ',
    ->      address varchar(20) comment ' 家庭地址 ',
    ->      phone varchar(20) comment ' 联系电话 ',
    ->      index address_index (address(6))
    -> );
```

查看创建的索引：

```
mysql> show index from student2 \G
```

2. 使用 create index 语句创建索引

如果表已建好，可以使用 create index 语句创建索引。语法如下：

```
create index index_name
    on tbl_name (col_name(length) [asc | desc], ...)
```

（1）创建普通索引。

【例 4–14】student 表的 d_no 字段经常作为查询条件，建立普通索引。

SQL 语句如下：

```
mysql> create index d_no_index on student (d_no);
```

（2）创建唯一性索引。

像课程表的课程名、部门表的部门名、商品表的商品名之类的字段，一般情况下，可建立唯一性索引。

【例 4-15】在 course 表的 c_name 列上建立一个唯一性索引 c_name_index。

SQL 语句如下：

```
mysql> create unique index c_name_index on course (c_name);
```

（3）创建多列索引。

可以在一个索引的定义中包含多个列，中间用逗号隔开，但是它们要属于同一个表。这样的索引叫作复合索引。

【例 4-16】在 score 表的 s_no 和 c_no 列上建立一个复合索引 score_index。

SQL 语句如下：

```
mysql> create index score_index on score(s_no, c_no);
```

▶ 提示：

- 对于 char 和 varchar 类型的列，只用一列的一部分就可创建索引。创建索引时，使用 col_name(length) 语法。blob 和 text 列也可以编制索引，但是必须给出前缀长度。
- create index 语句并不能创建主键。
- 索引名可以不写，若不写索引名，则默认其与列名相同。

3. 使用 alter table 语句创建索引

在已经存在的表上可以用 alter table 语句创建索引。语法如下：

```
alter table tbl_name
        add {unique | index | primary key} [index_name] (col_name(length) [asc | desc], ...)
```

【例 4-17】在 teacher 表上建立 t_no 主键索引（还未建立主键），建立 t_name 和 d_no 的复合索引，以加速表的检索速度。

SQL 语句如下：

```
mysql> alter table teacher
        ->        add primary key(t_no),
        ->        add index mark_index(t_name, d_no);
```

【例 4-18】在 department 表中的 d_name 列上创建唯一性索引。

SQL 语句如下：

```
mysql> alter table department
        ->        add unique index d_name_index(d_name);
```

▶ 提示：

- 主键索引必定是唯一的，唯一性索引不一定是主键索引。
- 一张表上只能有一个主键索引，但可以有一个或者多个唯一性索引。

4.2.3 查看索引

知识微课堂：查看索引

如果想要查看表中创建的索引的情况，可以使用 show index from tbl_name 语句。

【例 4-19】查看表 student2 中的索引。

SQL 语句如下：

```
mysql> show index from student2 \G
```

其输出的其中一个索引内容如下：

```
*************************** 3. row ***************************
        Table : student2
   Non_unique : 1
     Key_name : address_index
 Seq_in_index : 1
  Column_name : address
    Collation : A
  Cardinality : 0
     Sub_part : 6
       Packed : null
         Null : YES
   Index_type : BTREE
      Comment :
Index_comment :
      Visible : YES
   Expression : null
```

部分字段说明：

（1）Table 是表的名称。

（2）Non_unique 表示是否是唯一性索引，0 表示非唯一性索引。

（3）Key_name 是索引名称，其中，主键索引对应的名称为 Primary。

（4）Column_name 是字段名称。

（5）Collation 表示索引中该字段的存储顺序，A 表示升序，D 表示降序，null 表示未排序。

（6）Sub_part 表示前缀索引的长度。

（7）Null 表示索引是否允许空值，YES 表示允许。

（8）Index_type 是索引方法，如 BTREE、HASH 等。

4.2.4　删除索引

知识微课堂：删除索引

删除索引是指将表中已经存在的索引删除。一些不再使用的索引会降低表的更新速度，影响数据库的性能。对于这样的索引，应该将其删除。对于已经存在的索引，可以通过 drop index index_name on tbl_name 来删除。

【例 4-20】删除 course 表上的 mark 索引。

SQL 语句如下：

```
mysql> drop index mark_index on course;
```

也可用 alter table 语句删除，SQL 语句为：

```
alter table tbl_name
        drop {index index_name | primary key}
```

【例 4-21】删除 course 表上的主键索引。

SQL 语句如下：

```
mysql> alter table course drop primary key;
```

【例 4-22】删除 course 表上的唯一性索引 c_name_index。

SQL 语句如下：

```
mysql> alter table course drop index c_name_index;
```

▶ 提示：

（1）删除唯一性索引，如同删除普通索引一样，用 drop index 语句即可，不能写成 drop unique index，但是创建唯一性索引要写成 add unique index。

（2）删除主键索引，则需要 alter table 直接使用 drop primary key 子句进行删除，不需要提供索引名称，因为一张表只有一个主键索引。

尽管索引能够显著提高查找效率，但也并非越多越好，在设计索引的时候应该遵循如下原则：

- 在主键上创建索引，在 InnoDB 中如果通过主键来访问数据效率是非常高的。
- 为经常需要排序、分组和联合操作的字段建立索引。
- 尽量不要对数据库中某个含有大量重复的值的字段建立索引，如“性别”字段。在这样的字段上建立索引不会有什么帮助；相反，还有可能降低数据库的性能。
- 尽量使用数据量少的索引。
- 尽量使用前缀来索引。

任务实施

在人事管理数据库 rsgl 中进行如下操作：

（1）在employee表上通过create index语句在birth字段创建名为index_birth的索引。创建完成后可查询到如下输出（省略部分输出）。

```
mysql> show index from employee \G
*************************** 2. row ***************************
        Table: employee
   Non_unique: 1
     Key_name: index_birth
  Seq_in_index: 1
  Column_name: birth
   ......
```

（2）在 employee 表上通过 alter table 语句在 e_name 字段创建名为 index_name 的唯一性索引。创建完成后可查询到如下输出（省略部分输出）：

```
mysql> show index from employee \G
*************************** 3. row ***************************
        Table: employee
   Non_unique: 0
     Key_name: index_name
  Seq_in_index: 1
  Column_name: e_name
   ......
```

（3）在 employee 表上通过 create index 语句在 d_id 和 education 字段上创建多列索引。创建完成后可查询到如下输出（省略部分输出）：

```
*************************** 4. row ***************************
        Table: employee
   Non_unique: 1
     Key_name: index_mul
  Seq_in_index: 1
  Column_name: d_id
   ......
*************************** 5. row ***************************
        Table: employee
   Non_unique: 1
     Key_name: index_mul
  Seq_in_index: 2
  Column_name: education
   ......
```

（4）删除 employee 表上的唯一性索引，删除完成后查看索引信息，确保删除。

（5）删除 employee 表上的主键索引，删除完成后查看索引信息，确保删除。

（6）删除 employee 表上的多列索引，删除完成后查看索引信息，确保删除。

任务要求：

要求撰写实训报告，把完成任务过程中主要操作、命令及关键步骤的截图，遇到的问题与解决方法、未解决或需要进一步探讨的问题，以及任务实践过程中的收获和经验教训写入报告并提交（实训报告见附录）。

任务 4.3 存储过程和函数的开发

任务目标

◎ 知识目标

1. 了解 delimiter 命令
2. 理解存储过程和存储函数
3. 掌握创建存储过程和存储函数的方法
4. 掌握修改和删除存储过程、存储函数的方法

◎ 技能目标

1. 能创建存储过程和存储函数
2. 能执行存储过程和存储函数
3. 能修改和删除存储过程和存储函数

◎ 素养目标

1. 养成举一反三的学习意识
2. 养成实事求是的工作态度
3. 养成自主学习的能力

任务书

任务	任务 4.3　存储过程和函数的开发	所属模块	模块 4　数据库高级应用开发
任务描述	通过本次任务的学习，能够掌握创建、执行、修改和删除存储过程和存储函数的方法；理解创建带有流程控制语句的存储过程的方法。		
学习产品	有关创建、执行、修改和删除存储过程和函数操作的实训报告（见附录）		
学习要求	1. 预习 （1）尝试解释存储过程和存储函数 （2）如何创建、执行、调用、修改、查看、删除存储过程和存储函数 2. 掌握 （1）创建、执行、调用、修改、查看、删除存储过程 （2）创建、执行、调用、修改、查看、删除存储函数		

知识储备

银行经常需要计算用户的利息，但不同类别的用户的利率是不一样的。这就可以将计算利率的 SQL 代码写成一个程序存放起来，用指定的用户类别作参数。这样的程序叫作存储过程或者存储函数。使用时只要调用这个存储过程或者存储函数，根据指定的用户类别，就可以将不同类别用户的利息计算出来。再如，在创建学生管理系统时，当某个学生某门课程的成绩修改后，根据成绩是否高于 60 分更新表，将符合条件的学生某门课的学分累加到该生的总学分里。统计学分的 SQL 代码中存在一段 SQL 语句会被重复使用的情况，可以将这段 SQL 语句写成存储过程或存储函数存储在 MySQL 服务器中，然后再调用，就可以执行多次重复的操作。

4.3.1 存储过程和函数的基本操作

知识微课堂：创建存储过程

1. 创建存储过程

创建存储过程可以使用 create procedure 语句，语法如下：

```
create procedure [if not exists] sp_name ([ in | out | inout ] param_name type,...)
    routine_body
```

▶ 提示：

（1）sp_name 是存储过程的名称。需要在特定数据库中创建存储过程时，在存储过程的名称前面加上数据库的名称，格式为 db_name.sp_name。

（2）param_name 和 type 分别表示参数名和参数的类型，当有多个参数的时候中间用逗号分隔。MySQL 存储过程支持 3 种类型的参数：输入参数、输出参数和输入 / 输出参数，关键字分别是 in、out 和 inout。存储过程也可以不加参数，但是名称后面的括号是不可省略的。

（3）routine_body 是存储过程体。里面包含了在过程调用的时候必须执行的语句，这个部分总是以 begin 开始，以 end 结束。当然，当存储过程体中只有一个 SQL 语句时可以省略 begin ... end 标志。

【例 4-23】创建存储过程 sp_delete_student，用指定的学号作为参数删除某一学生的记录。

SQL 语句如下：

```
mysql> delimiter $$
mysql> create procedure sp_delete_student(in no char(8))
    ->    begin
    ->    delete from student where s_no = no;
    ->    end $$
mysql> delimiter ;
```

【例 4–24】创建带输出参数的存储过程 sp_count_student，求学生人数。

SQL 语句如下：

```
mysql> delimiter $$
mysql> create procedure sp_count_student(out stu_cnt int unsigned)
    ->     begin
    ->         select count(*) into stu_cnt from student;
    ->     end $$
mysql> delimiter ;
```

【例 4–25】创建存储过程 sp_search_teacher，以指定的系别号为参数，查找某学院的教师姓名、所在院系名称。

SQL 语句如下：

```
mysql> delimiter $$
mysql> create procedure sp_search_teacher(in no char(8))
    ->     begin
    ->         select t.t_name, d.d_name
    ->         from teacher t join department d on t.d_no = d.d_no
    ->         where t.d_no = no;
    ->     end $$
mysql> delimiter ;
```

▶ 提示：

在 MySQL 中，服务器处理语句默认是以分号（;）为结束标志的，如果有一行命令以分号结束，那么按 <Enter> 键后，MySQL 将会执行该命令。但是在存储过程中，可能要输入较多的语句，且语句中包含分号。如果以分号作为结束标志，那么执行完第一个分号语句后，就会认为程序结束，不能再往下执行其他语句。因此，必须将 MySQL 语句的结束标志修改为其他符号。这时，可以使用 delimiter 来改变默认结束标志。从上面示例可以看出，delimiter 不属于存储过程的内容。最后，不要忘记再将结束标志改回分号。

知识微课堂：调用和删除存储过程

2. 调用存储过程

创建完存储过程后，调用存储过程需要使用 call 语句，语法如下：

```
call sp_name(parameter, ...)
```

▶ 提示：

（1）sp_name 为存储过程的名称。如果要调用某个特定数据库的存储过程，则需要在前面加上该数据库的名称。

（2）parameter 为调用该存储过程使用的参数。这条语句中的参数个数必须总是等于存储过程的参数个数。

【例 4-26】调用存储过程 sp_delete_student，删除学号为 122001 的学生的信息。

SQL 语句如下：

```
mysql> call sp_delete_student( ' 122001 ' );
```

【例 4-27】调用存储过程 sp_count_student，统计学生人数。

SQL 语句和执行结果如下：

```
mysql> call sp_count_student(@num);
mysql> select @num;
+----------+
| @num |
+----------+
|  14    |
+----------+
```

【例 4-28】调用存储过程 sp_search_teacher，查询院系编号为 D001 的教师姓名和院系名称。

SQL 语句如下：

```
mysql> call sp_search_teacher( ' D001 ' );
```

3. 查看存储过程

知识微课堂：查看存储过程

（1）查看存储过程的状态信息，语法如下：

```
show procedure status
        [like ' pattern ' | where expr]
```

▶ 提示：

- like 匹配存储过程的名称。
- where 可以指定更多的过滤条件。

【例 4-29】查看存储过程 sp_search_teacher 的状态信息。

SQL 语句和执行结果如下：

```
mysql> show procedure status like ' sp_search_teacher ' \G
**************************** 1. row ****************************
               Db : jxgl
             Name: sp_search_teacher
             Type : PROCEDURE
          Definer: root@localhost
         Modified : 2023-01-25 23:07:38
          Created: 2023-01-25 23:07:38
```

```
          Security_type : DEFINER
                Comment :
    character_set_client: utf8mb4
    collation_connection: utf8mb4_0900_ai_ci
      Database Collation: utf8mb4_0900_ai_ci
```

或者执行下列 SQL 语句：

```
mysql> show procedure status where name=' sp_search_teacher ' \G
```

▶ 提示：

上面两条命令输出内容相同，故仅显示其中一条命令的结果，包括数据库、存储过程名称、类型、创建者、修改时间、创建时间、调用权限以及字符集等信息。

（2）查看存储过程的定义。

类似于查看数据库和数据表的定义，存储过程的定义可通过 show create procedure 命令查看。

【例 4–30】查看存储过程 sp_search_teacher 的定义。

SQL 语句如下：

```
mysql> show create procedure sp_search_teacher \G
```

4. 删除存储过程

可以使用 drop procedure 删除已经存在的存储过程。

SQL 语句如下：

```
drop procedure [if exists] sp_name;
```

▶ 提示：

（1）sp_name 是要删除的存储过程的名称。

（2）使用 if exists 可以避免因存储过程不存在而导致返回错误信息。

【例 4–31】删除存储过程 sp_search_teacher。

SQL 语句如下：

```
mysql> drop procedure sp_search_teacher;
```

5. 存储函数

知识微课堂：存储函数

MySQL 存储函数和存储过程类似，也是存储在数据库中的程序，其查看、删除过程和存储过程一样，只不过将 procedure 换成 function 即可，主要在于创建和调用过程稍有不同。首先看一下创建过程：

```
create function [if not exists] sp_name (param_name type, ...) returns type
[ deterministic |  no sql | reads sql data ]
   routine_body
```

▶ 提示：

（1）sp_name 是存储函数名称。

（2）param_name 是参数名称，所有的参数都是输入参数。

（3）type 是参数或者返回值的数据类型。

（4）returns 定义返回值的类型。

（5）deterministic 属性表示这是一个确定性的存储函数，对于相同的输入参数一定会返回相同的结果；MySQL 默认创建的是非确定性函数（not deterministic）。

（6）no sql 表示程序不包含任何 SQL 语句。

（7）reads sql data 表示程序包含读取操作（例如 select），但不会修改数据表。

【例 4-32】定义存储函数 func_count_score，获取 score 表中分数超过指定成绩的记录数。

SQL 语句如下：

```
mysql> delimiter $$
mysql> create function func_count_score(s decimal) returns int
    -> deterministic
    -> begin
    ->        declare s_count int;
    ->        select count(*) into s_count from score where mark >= s;
    ->        return s_count;
    -> end $$
mysql> delimiter ;
```

存储函数的调用与普通函数一样，直接使用函数名，传入必要的参数即可。

【例 4-33】使用自定义的存储函数 func_count_score，获取超过 90 分的成绩记录数。

SQL 语句和执行结果如下：

```
mysql> select func_count_score(90) as ' >=90 记录数 ';
+------------------+
| >=90 记录数 |
+------------------+
|        11       |
+------------------+
```

【例 4-34】查看存储函数 func_count_score 状态信息。

SQL 语句和执行结果如下：

```
mysql> show function status like ' func_count_score ' \G
```

```
*************************** 1. row ***************************
                  Db: jxgl
                Name: func_count_score
                Type: FUNCTION
             Definer: root@localhost
            Modified: 2023-01-26 17:12:49
             Created: 2023-01-26 17:12:49
       Security_type: DEFINER
             Comment:
character_set_client: utf8mb4
collation_connection: utf8mb4_0900_ai_ci
  Database Collation: utf8mb4_0900_ai_ci
```

或者执行下列语句：

```
mysql> show function status where name = ' func_count_score ' \G
```

【例 4-35】删除存储函数 func_count_score。

SQL 语句如下：

```
mysql> drop function func_count_score;
```

存储过程和存储函数除了参数和返回值方式不同之外，最重要的区别在于存储过程可以修改数据库对象的状态，而存储函数却不能。这也意味着存储函数中主要以查询为主，可以放在查询语句中使用，存储过程却不行。不过，存储过程的功能更加强大，能够执行对表的操作（比如创建表、删除表、插入数据、删除数据等）和事务操作，这些功能是存储函数不具备的。

4.3.2 存储过程和函数的编程功能

1. 变量

知识微课堂：变量

MySQL 中的变量主要分为三类：系统变量、用户变量和局部变量。下面依次进行介绍。

（1）系统变量。

该变量由系统定义，分为全局变量和会话变量。如图 4-7 所示，某些变量是全局变量独有的，而某些变量则是会话变量独有的，但还有一部分变量会同时作为全局变量和会话变量。

全局变量在 MySQL 服务启动时从配置文件中读取默认值。会话变量在每次建立连接时完成初始化，MySQL 将可作为全局变量的那部分复制一份作为会话变量。

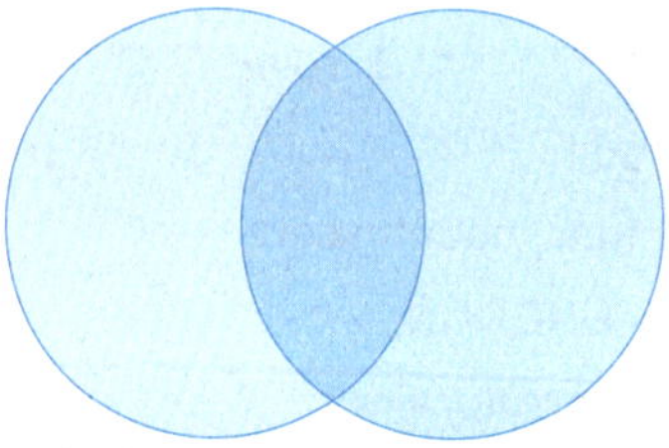

图 4-7　系统变量

1）查看系统变量。

系统变量的值可通过下列命令查看：

```
show [ global | session ] variables [ like ' pattern ' | where expr ]
```

其中 global 表示全局变量，session 表示会话变量，无 global | session 参数时，默认为会话变量。

【例 4-36】查看全局变量 max_connections 的值。

SQL 语句和执行结果如下：

```
mysql> show global variables like ' max_connections ' ;
+-----------------------+---------+
| Variable_name         | Value |
+-----------------------+---------+
| max_connections       | 151     |
+-----------------------+---------+
```

上述语句查看了全局变量的值，如果需要查看当前会话中的值，只需要将 global 替换成 session 或者省略即可。在 MySQL 中，系统变量还能以两个"@"开头表示：

- @@global 标记全局变量；
- @@session 标记会话变量。

因此上述示例还可以写成下面的方式：

```
mysql> select @@global.max_connections;
+--------------------------------------+
| @@global.max_connections  |
+--------------------------------------+
|              151                    |
+--------------------------------------+
```

2）设置系统变量。

可通过下列命令完成系统变量的赋值操作：

```
set [ global | session ] 变量名 = 值;
```

或者

```
set [ @@global | @@session ]. 变量名 = 值 ;
```

【例 4–37】将全局变量 max_connections 的值修改为 100。

```
mysql> set global max_connections = 100;
```

或者

```
mysql> set @@global.max_connections = 100;
```

类似查看会话变量，设置会话变量只需要将 global 替换成 session 即可。

（2）用户变量。

用户变量为用户自定义的变量，仅对当前客户端有效，若当前客户端退出，则用户变量将自动释放。用户变量由 @ 和变量名组成，可通过如下两种方式完成赋值。

1）通过 set 语句。

```
set @ 用户变量 = 值 ;
```

或者

```
set @ 用户变量 := 值 ;
```

2）通过 select 语句。

```
select @ 用户变量 := 表达式 [ from 等子句 ];
```

或者

```
select 表达式 into @ 用户变量 [from 等子句 ];
```

【例 4–38】随机选取 student 表中的一个学生，将其姓名、学号赋值给用户变量 @name、@sno。

```
mysql> select s_name, s_no into @name, @sno from student order by rand()
limit 1;
```

完成赋值后，可直接通过 select @ 变量名进行查看。

SQL 语句和执行结果如下：

```
mysql> select @name, @sno;
+-----------+----------+
| @name | @sno   |
+-----------+----------+
| 张群    | 122001 |
+-----------+----------+
```

（3）局部变量。

存储过程和函数可以定义和使用局部变量，它们可以用来存储临时结果。

1）变量声明。

用户可以使用 declare 关键字来定义变量，这些变量的作用范围只适用于 begin ... end 程序段中，所以是局部变量。过程和函数使用的局部变量必须在开头就声明。在声明局部变量的同时也可以为其赋一个初始值：

```
declare var_name type [default value];
```

▶ 提示：

- var_name 为变量名；type 为变量类型。
- default 子句给变量指定一个默认值，如果不指定，默认为 null。

2）变量赋值。

给变量赋值有两种方式，一种是通过 set 语句：

```
set var1 = expr1, var2 = expr2, ...;
```

另一种是通过 select into 语句：

```
select expr1, expr2, ...
into var1, var2, ...
from ...;
```

▶ 提示：

select 返回的表达式个数和变量的个数相同，查询语句最多只能返回一行数据。

【例 4-39】创建一个存储函数，根据课程号查询不及格学生的数量。

SQL 语句如下：

```
mysql> delimiter $$
mysql> create function func_fail_count(no char(4)) returns int
    -> reads sql data
    -> begin
    ->     declare s_count int default 0;
    ->     select count(*) into s_count from score where c_no = no and mark < 60;
    ->     return s_count;
    -> end $$
mysql> delimiter ;
```

调用函数，查询课程号 A002 不及格人数：

```
mysql> select func_fail_count( ' A002 ' ) as ' A002 不及格人数 ' ;
+------------------------+
| A002 不及格人数  |
```

```
+--------------------------+
|            1             |
+--------------------------+
```

2. 条件控制语句

知识微课堂：条件控制语句

MySQL 提供了两种条件控制语句：if 语句和 case 语句。

（1）if 语句。

if 语句可根据不同的条件，执行不同的操作。语法如下：

```
if search_condition then
      statement_list
elseif search_condition then
      statement_list
...
else
      statement_list
end if
```

▶ 提示：

search_condition 为判断条件，statement_list 包含一个或多个 SQL 语句，当 search_condition 的条件为真时，执行 statement_list 包含的 SQL 语句。

【例 4-40】创建一个存储过程，根据指定的参数（学号）查看某位学生的不及格科目数，如果不及格科目数超过 2 门（含 2 门），则输出"启动成绩预警"并输出该生的成绩单，否则输出"成绩在可控范围"。

首先，创建存储过程：

```
mysql> delimiter $$
mysql> create procedure proc_query(in no char(8), out str varchar(20))
    -> begin
    ->      declare fail_count tinyint unsigned default 0;
    ->      select count(*) into fail_count from score where s_no = no and mark < 60;
    ->      if fail_count >= 2 then
    ->           set str = ' 启动成绩预警 ';
    ->      else
    ->           set str = ' 成绩在可控范围 ';
    ->      end if;
    -> end $$
mysql> delimiter ;
```

调用存储过程，查询学号 122001 的成绩状况：

```
mysql> call proc_query(' 122001 ', @msg);
mysql> select @msg;
+----------------------+
| @msg                 |
+----------------------+
| 成绩在可控范围 |
+----------------------+
```

（2）case 语句。

case 语句可以用于构造复杂的条件判断。类似于 case 表达式，case 语句也存在两种形式：简单 case 语句和搜索 case 语句。

1）简单 case 语句。

其语法如下：

```
case case_value
    when when_value then
        statement_list
    when when_value then
        statement_list
    ...
    else
        statement_list
end case;
```

【例 4–41】创建一个存储过程，根据专业类型（专业课 4 分、专业基础课 3 分、必须课 2 分、选修课 1 分）更新学分，参数为专业类型。

首先，创建存储过程（不能创建函数，函数中不能更新表格数据）：

```
mysql> delimiter $$
mysql> create procedure proc_update_credit(in type varchar(10))
    -> begin
    ->     case type
    ->         when ' 专业课 ' then
    ->             update course set c_credit = 4 where c_type = type;
    ->         when ' 专业基础课 ' then
    ->             update course set c_credit = 3 where c_type = type;
    ->         when ' 必修课 ' then
    ->             update course set c_credit = 2 where c_type = type;
    ->         else
    ->             update course set c_credit = 1;
```

```
    ->      end case;
    -> end $$
mysql> delimiter ;
```

调用存储过程，更新必修课学分：

```
mysql> call proc_update_credit( '必修课' );
```

2）搜索 case 语句。

其语法如下：

```
case
    when search_condition then
        statement_list
    when search_condition then
        statement_list
    ...
    else
        statement_list
end case;
```

【例 4-42】创建一个存储函数，根据学号输出学生的成绩等级，平均分≥ 90 为优秀，≥ 80 为良好，≥ 60 为及格，否则为不及格。

首先，创建存储函数：

```
mysql> delimiter $$
mysql> create function func_score_level(no char(8)) returns varchar(20)
    -> reads sql data
    -> begin
    ->      declare msg varchar(20);
    ->      declare avg_mark decimal(4, 1) default 0;
    ->
    ->      select avg(mark) into avg_mark from score where s_no = no;
    ->      case
    ->           when avg_mark >= 90 then set msg= '优秀';
    ->           when avg_mark >= 80 then set msg= '良好';
    ->           when avg_mark >= 60 then set msg= '及格';
    ->      else set msg= '不及格';
    ->        end case;
    ->        return msg;
    -> end $$
mysql> delimiter ;
```

调用存储函数，根据传入的成绩输出等级：

```
mysql> select func_score_level( ' 122003 ' );
+------------------------------------------+
| func_score_level( ' 122003 ' )     |
+------------------------------------------+
| 及格                               |
+------------------------------------------+
```

3. 循环控制语句

（1）loop 语句。

其语法如下：

```
[label:] loop
        statement_list
end loop [label]
```

▶ 提示：

重复执行 statement_list 直到循环被终止，也就是说退出循环的方式只能由执行语句实现，主要包括两种方式，一种使用 leave label 语句退出循环，另一种使用函数的 return 语句退出整个函数。

知识微课堂：循环控制语句

【例 4–43】创建存储过程，使用 loop 语句求 10 以内奇数之和。

创建存储过程：

```
mysql> delimiter $$
mysql> create procedure sp_loop_sum()
        -> begin
        ->        declare i int default 0;
        ->        declare i_sum int default 0;
        ->        label: loop
        ->            set i = i + 1;
        ->            if i > 10 then leave label;
        ->            end if;
        ->            if i % 2 = 0 then iterate label;
        ->                    else set i_sum = i_sum + i;
        ->            end if;
        ->        end loop label;
        ->        select i_sum;
        -> end $$
mysql> delimiter ;
```

调用存储过程：

```
mysql> call sp_loop_sum();
+---------+
| i_sum |
+---------+
|   25   |
+---------+
```

（2）while 语句。

其语法如下：

```
[label:] while search_condition do
      statement_list
end while [label]
```

▶ 提示：

先判断 search_condition 是否为 true；若是，则执行 statement_list 语句列表，否则退出循环语句。因此，while 语句可能一次也不执行，类似 Java 中的 while 循环。

【例 4–44】创建存储过程，使用 while 语句求 10 以内奇数之和。

创建存储过程：

```
mysql> delimiter $$
mysql> create procedure sp_while_sum()
    -> begin
    ->      declare i int default 0;
    ->      declare i_sum int default 0;
    ->      label: while i < 10 do
    ->         set i = i + 1;
    ->         if i % 2 = 1 then
    ->            set i_sum = i_sum + i;
    ->         end if;
    ->      end while label;
    ->      select i_sum;
    -> end $$
mysql> delimiter ;
```

调用存储过程：

```
mysql> call sp_while_sum();
+---------+
| i_sum |
```

```
+---------+
|   25   |
+---------+
```

4. repeat 语句

其语法如下：

```
[label:] repeat
    statement_list
until search_condition
end repeat [label]
```

▶ 提示：

先执行 statement_list 语句列表，然后判断 search_condition 是否为 true；若是，则终止循环，否则再次执行 statement_list 语句列表。因此 repaet 语句至少会执行一次，类似 Java 中的 do while 循环。

【例 4-45】创建存储过程，使用 repeat 语句求 10 以内奇数之和。

创建存储过程：

```
mysql> delimiter $$
mysql> create procedure sp_repeat_sum()
    -> begin
    ->      declare i int default 0;
    ->      declare i_sum int default 0;
    ->      label: repeat
    ->          set i = i + 1;
    ->          if i % 2 = 1 then
    ->              set i_sum = i_sum + i;
    ->          end if;
    ->          until i >= 10
    ->      end repeat label;
    ->      select i_sum;
    -> end $$
mysql> delimiter ;
```

调用存储过程：

```
mysql> call sp_repeat_sum();
+---------+
| i_sum |
```

```
+---------+
|  25   |
+---------+
```

任务实施

在人事管理数据库 rsgl 中进行如下操作：

（1）创建不带参数的存储过程 count_proc，统计工作 10 年以上的员工人数，调用存储过程，输出如下：

```
+--------+
| count(*)  |
+--------+
|    22    |
+--------+
```

（2）创建带一个输入参数的存储函数 salary_func，根据员工 e_id 号查询该雇员的实际收入，调用存储函数，输出如下：

```
+---------------------+
| salary_func('100100')     |
+---------------------+
|          6546.00          |
+---------------------+
```

（3）创建一个存储过程 random_employee_proc，随机返回一名员工的编号和姓名，调用存储过程，输出如下：

```
+-------+--------+
| e_id     | e_name   |
+-------+--------+
| 200105 | 苏珍珍    |
+-------+--------+
```

（4）创建一个存储函数 is_prime_func，查询给定整数是否是素数，若是则输出 1，否则输出 0，调用存储函数，输出如下：

```
+--------------+
| is_prime_func(7)   |
+--------------+
|          1          |
+--------------+
```

（5）删除上述操作创建的所有存储函数和过程。

任务要求：

要求撰写实训报告，把完成任务过程中主要操作、命令及关键步骤的截图，遇到的问题与解决方法、未解决或需要进一步探讨的问题，以及任务实践过程中的收获和经验教训写入报告并提交（实训报告见附录）。

任务 4.4 事务的开发

任务目标

◎ 知识目标	1. 理解事务 2. 掌握事务的启动、提交、回滚 3. 理解事务不同隔离级别存在的问题
◎ 技能目标	1. 能正确使用事务 2. 能通过示例展示事务不同隔离级别存在的问题
◎ 素养目标	1. 养成查阅资料和撰写技术报告等信息处理的能力 2. 养成缜密的逻辑思维能力 3. 养成协作配合、沟通交流等职业素养

任务书

任务	任务 4.4 事务的开发	所属模块	模块 4 数据库高级应用开发
任务描述	本任务将从认识事务开始，学习事务的启动、提交、回滚以及设置保存点等基本方法。设置事务的隔离级别，实例操作演示每一种隔离级别存在的问题。		
学习产品	关于事务的启动、提交、回滚、设置保存点等操作的实训报告（见附录）		
学习要求	1. 预习 （1）尝试解释事务 （2）如何启动、提交、回滚事务和设置保存点 2. 掌握 （1）事务的概念 （2）事务的启动、提交、回滚以及设置保存点		

知识储备

知识微课堂：
事务的概述

4.4.1 认识事务

事务是一组数据库操作序列，这些操作要么全做，要么全不做，是一个不可分割的工作单位，不会出现只完成了部分操作的情况。正如游戏里的关卡，要么成功进入下一关，要么回到关卡的起点。

那么，什么情况下需要使用事务呢？假设用户 A 需要向用户 B 转账，基本流程见表 4-1。

表 4-1 转账基本流程

步骤 1	用户 A -1 000 元
步骤 2	用户 B +1 000 元

如果步骤 1 刚执行完，恰好程序崩了，此时用户 A 的账户已经减少了 1 000 元，但用户 B 的账户却没有增加 1 000 元，这 1 000 元凭空消失了，对双方来说都是无法接受的。那该如何解决该问题呢？我们发现出现该问题的关键在于减和加是两个独立的操作，如果我们能够确保这两个操作要么都执行，要么都不执行，便不会出现该问题。这正是事务可以实现的功能。

MySQL 中事务分为两种：隐式事务和显式事务。隐式事务没有开启和结束标记，它们都是由系统自动完成提交，如 DML 语句（insert、update、delete）；而显式事务有专有标记，只能手动提交。本节将重点讲述显式事务。

4.4.2 事务的特点（ACID）

在对事务有了基本的认识后，我们进一步看一下事务的特点，即事务必须包含的基本特征。

（1）原子性（Atomicity）。原子性指的是事务中的语句作为一个整体不可分割，要么都执行，要么都不执行。原子性主要通过 undo log 日志实现，该日志会记录修改之前的数据，当发生事务回滚时，会从 undo log 日志里面取出原来的数据，重新对数据进行回退。

（2）一致性（Consistency）。一致性指的是在事务提交前后数据的状态始终正确有效。例如，A 原来有 1 000 元，B 有 200 元，A 转给 B 300 元，有效的状态为 A 剩余 700 元，B 剩余 500 元。一致性不仅需要数据库层面的保障，同时也需要业务层面的保障。

（3）隔离性（Isolation）。隔离性指的是多个事务之间是相互隔离的，在其提交前对其他事务是不可见的。隔离性的实现主要借助锁机制和多版本并发控制（MVCC）。

（4）持久性（Durability）。持久性指的是事务一旦提交完成，就会对数据库做出永久的改变，不会因后面的其他操作或故障对其产生影响。持久性主要通过 redo log 日志实现，该日志会记录修改的数据，出现问题时可以通过读取 redo log 中的数据对数据库进行恢复。

从上面的描述中我们可以看出，一致性是目的，原子性、隔离性和持久性都是为达成一致性而采取的手段，如图 4-8 所示。

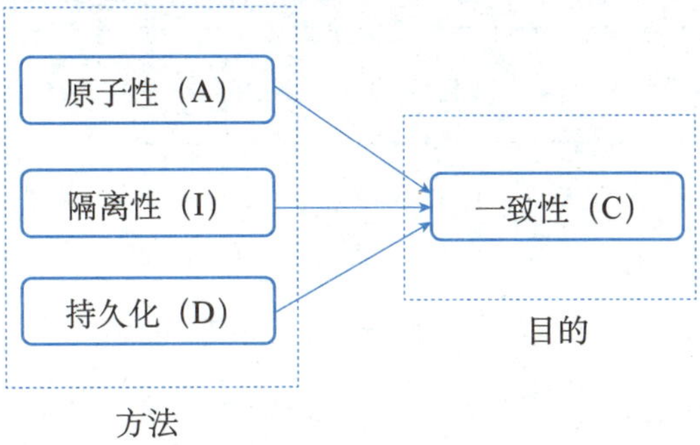

图 4-8　事务的特点（ACID）

4.4.3　事务的控制

MySQL 中的事务分为两种：隐式事务和显式事务。隐式事务由系统自动添加启动和提交事务的语句，例如 insert、update、delete 等语句。而显式事务需要手动添加启动事务、提交事务、回滚事务的语句。MySQL 中的 InnoDB 引擎默认为隐式事务，可通过查看变量 autocommit 来确认：

知识微课堂：事务的控制

```
mysql> show variables like ' autocommit ';
+---------------------+----------+
| Variable_name  | Value   |
+---------------------+----------+
| autocommit      | ON      |
+---------------------+----------+
```

需要显示关闭隐式事务，可通过 set 命令完成：

```
mysql> set autocommit = off;
mysql> show variables like ' autocommit ';
+---------------------+----------+
| Variable_name  | Value   |
+---------------------+----------+
| autocommit      | OFF     |
+---------------------+----------+
```

1. 提交事务

【例 4–46】将 course 表中“计算机文化基础”的课程类型更改为“公共基础课”并提交。

第一步：查看原来的数据。

```
mysql> select * from course where c_name= ' 计算机文化基础 ' ;
+--------+----------------------+------------+-----------+-----------+
| c_no | c_name              | c_period  | c_credit | c_type  |
+--------+----------------------+------------+-----------+-----------+
| A002 | 计算机文化基础 |    64     |     2    | 选修课 |
+--------+----------------------+------------+-----------+-----------+
```

第二步：启动事务，begin 或者 start transaction 都可以。

```
mysql> start transaction;
Query OK，0 rows affected (0.00 sec)
```

第三步：将课程类型更新为“公共基础课”。

```
mysql> update course set c_type = ' 公共基础课 ' where c_name = ' 计算机文化基础 ' ;
```

第四步：提交事务。

```
mysql> commit;
Query OK，0 rows affected (0.01 sec)
```

第五步：查看更新后的数据。

```
mysql> select * from course where c_name= ' 计算机文化基础 ' ;
+--------+----------------------+------------+-----------+----------------+
| c_no | c_name              | c_period  | c_credit | c_type        |
+--------+----------------------+------------+-----------+----------------+
| A002 | 计算机文化基础 |    64     |     2    | 公共基础课 |
+--------+----------------------+------------+-----------+----------------+
```

2. 回滚事务

请先将“计算机文化基础”的课程类型恢复为“选修课”，再执行下面的操作。

【例 4–47】将 course 表中“计算机文件基础”的课程类型更改为“公共基础课”，不提交，执行回滚操作。

第一步：查看原数据。

```
mysql> select * from course where c_name= ' 计算机文化基础 ' ;
```

```
+--------+-----------------------+--------------+-----------+-----------+
| c_no | c_name              | c_period  | c_credit | c_type  |
+--------+-----------------------+--------------+-----------+-----------+
| A002 | 计算机文化基础 |    64      |      2      | 选修课 |
+--------+-----------------------+--------------+-----------+-----------+
```

第二步：启动事务。

```
mysql> start transaction;
Query OK，0 rows affected (0.00 sec)
```

第三步：将课程类型更新为“公共基础课”。

```
mysql> update course set c_type = ' 公共基础课 ' where c_name = ' 计算机文化基础 ';
```

第四步：查看数据。

```
mysql> select * from course where c_name= ' 计算机文化基础 ';
+--------+-----------------------+------------+------------+-----------------+
| c_no | c_name              | c_period | c_credit  | c_type          |
+--------+-----------------------+------------+------------+-----------------+
| A002 | 计算机文化基础 |    64      |      2      | 公共基础课 |
+--------+-----------------------+------------+------------+-----------------+
```

第五步：直接回滚 rollback。

```
mysql> rollback;
Query OK，0 rows affected (0.01 sec)
```

第六步：查看数据。

```
mysql> select * from course where c_name= ' 计算机文化基础 ';
+--------+-----------------------+--------------+-----------+-----------+
| c_no | c_name              | c_period  | c_credit | c_type  |
+--------+-----------------------+--------------+-----------+-----------+
| A002 | 计算机文化基础 |    64      |      2      | 选修课 |
+--------+-----------------------+--------------+-----------+-----------+
```

3. 设置保存点

【例 4–48】创建事务，将“计算机文化基础”和“思想政治课”的课程类型修改为“公共基础课”，设置保存点，回滚到指定的保存点。

第一步：开启事务。

```
mysql> start transaction;
```

```
Query OK，0 rows affected (0.00 sec)
```

第二步：将“计算机文化基础”的课程类型修改为“公共基础课”。

```
mysql> update course set c_type= ' 公共基础课 ' where c_name= ' 计算机文化基础 ';
```

第三步：设置保存点。

```
mysql> savepoint pointA;
Query OK，0 rows affected (0.01 sec)
```

第四步：将“思想政治课”的课程类型修改为“公共基础课”。

```
mysql> update course set c_type= ' 公共基础课 ' where c_name= ' 思想政治课 ';
```

第五步：查看数据。

```
mysql> select * from course where c_name in (' 计算机文化基础 ', ' 思想政治课 ');
+--------+--------------------+-----------+-----------+--------------+
| c_no | c_name | c_period | c_credit | c_type |
+--------+--------------------+-----------+-----------+--------------+
| A002 | 计算机文化基础 | 64 | 2 | 公共基础课 |
| B001 | 思想政治课 | 60 | 2 | 公共基础课 |
+--------+--------------------+-----------+-----------+--------------+
```

第六步：回滚到保存点。

```
mysql> rollback to pointA;
Query OK, 0 rows affected (0.01 sec)
```

第七步：查看数据。

```
mysql> select * from course where c_name in (' 计算机文化基础 ', ' 思想政治课 ');
+--------+--------------------+-----------+-----------+--------------+
| c_no | c_name | c_period | c_credit | c_type |
+--------+--------------------+-----------+-----------+--------------+
| A002 | 计算机文化基础 | 64 | 2 | 公共基础课 |
| B001 | 思想政治课 | 60 | 2 | 必修课 |
+--------+--------------------+-----------+-----------+--------------+
```

4.4.4 事务的隔离级别

当多个事务需要访问相同的数据时，如果没有必要的隔离机制，就会出现各种并发问题：

（1）脏读：事务 1 读取了事务 2 已更新但还没有提交的数据。若事务 2 直接回滚，那意味着事务 1 读取的内容无效的。如图 4–9 所示，在 t1 时刻，事务 2 将账户 A 减少了 300，账户 B 增加了 300；在 t2 时刻，事务 1 读取到 A 账户余额 700，B 账户余额 500；在 t3 时刻，事务 2 直接回滚，那么事务 1 读取到便是脏值，即无效值。

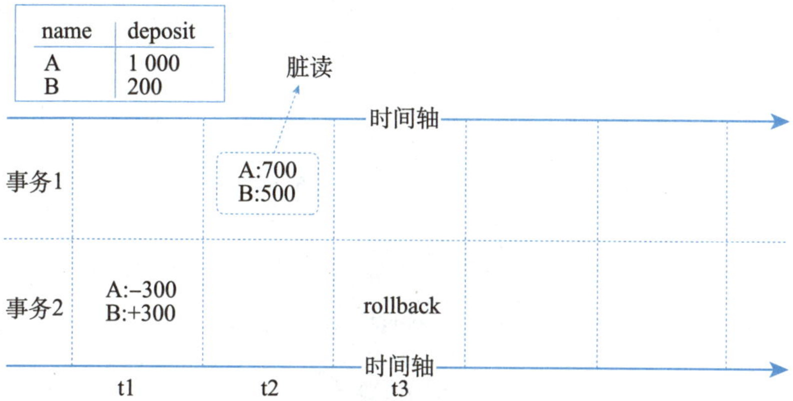

图 4–9 脏读

（2）不可重复读：事务 1 在事务 2 更新并提交之前读取了数据，事务 2 提交更新，事务 1 再次读取，却读取到不同的值。如图 4–10 所示，在 t1 时刻，事务 2 将账户 A 减少了 300，账户 B 增加了 300；在 t2 时刻，事务 1 读取到 A 账户余额 1 000，B 账户余额 200；在 t3 时刻，事务 2 执行提交；在 t4 时刻，事务 1 再次读取，此时读取到 A 账户余额 700，B 账户余额 500。对于事务 1 来讲，在同一个事务内执行了两次相同的读取操作，却看到了不同的值，这便是不可重复读。

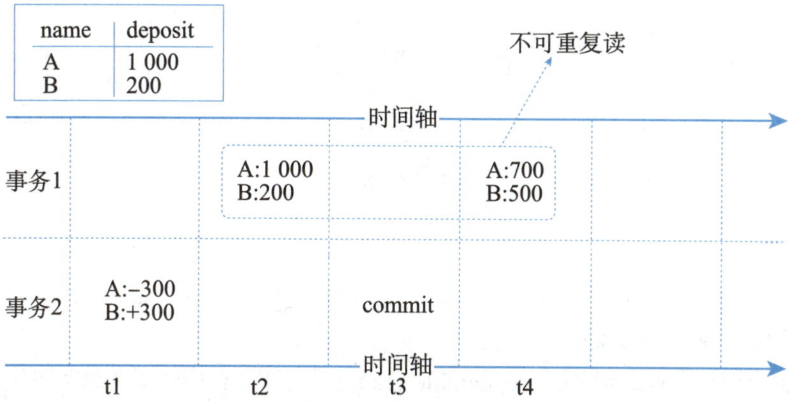

图 4–10 不可重复读

（3）幻读：事务 1 读取了数据，事务 2 插入或删除了数据，事务 1 再次读取数据时会多出或少几行数据。如图 4-11 所示，在 t1 时刻，事务 1 读取 A 账户余额 1 000，B 账户余额 200；在 t2 时刻，事务 2 插入账户 C 余额 500；在 t3 时刻，事务 2 提交了插入操作；在 t4 时刻，事务 1 读取账户信息，看到了多出来的 C 账户，这便是幻读。但幻读还有其他的形式。如图 4-12 所示，在 t1 时刻，事务 1 读取 A 账户余额 1 000，B 账户余额 200；在 t2 时刻，事务 2 插入账户 C 余额 500；在 t3 时刻，事务 2 提交了插入操作；在 t4 时刻，事务 1 读取账户信息，读取的信息同 t1 时刻相同；在 t5 时刻，事务 1 插入账户 C 余额 500，报错，提示已存在账户 C，明明在 t4 时刻的查询时没有看到账户 C，但插入却失败，这也是幻读。

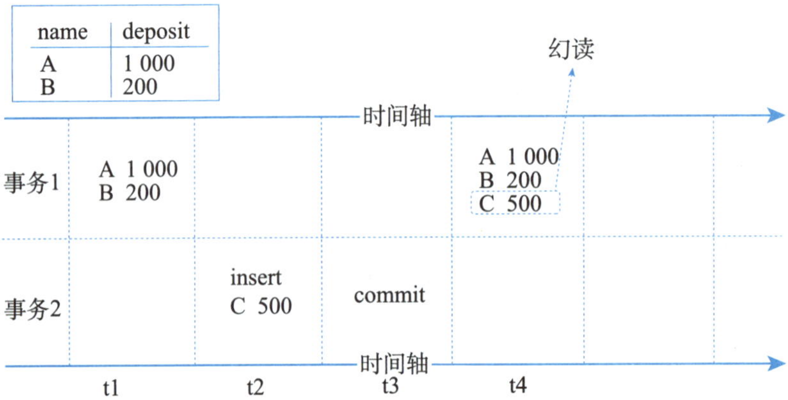

图 4-11　幻读 1

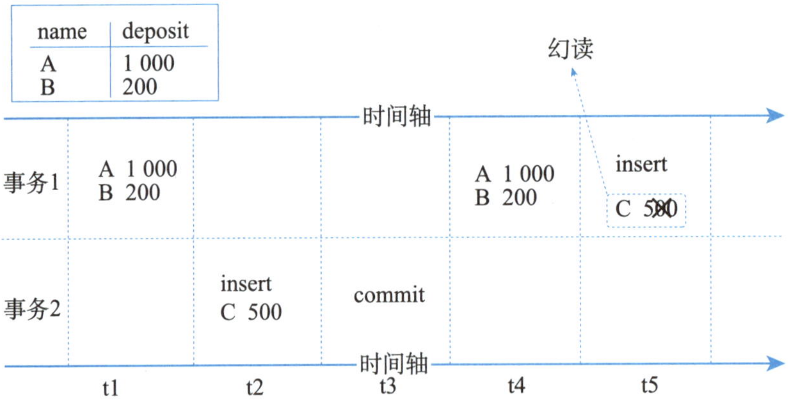

图 4-12　幻读 2

从上述描述可以看出，事务需要具有隔离的能力才能避免各种并发问题。事务之间的隔离程度称为隔离级别。MySQL 规定了四种事务隔离级别，级别越高，数据一致性就越好，但并发度也就越低。

MySQL 默认的隔离级别为 repeatable read。为了理解不同隔离级别事务处理的区别，需要修改隔离级别，修改隔离级别后可通过变量 transaction_isolation 查看数据库隔离级别。

SQL 语句和执行结果如下：

```
mysql> show variables like ' transaction_isolation ' ;
+----------------------------+-----------------------+
| Variable_name              | Value                 |
+----------------------------+-----------------------+
| transaction_isolation      | REPEATABLE-READ|
+----------------------------+-----------------------+
```

1. 读未提交（read uncomitted）

这是指读取未提交的数据内容。需要先将隔离级别设置为 read uncommitted，同时关闭隐式事务。SQL 语句如下：

```
mysql> set global transaction isolation level read uncommitted;
mysql> set global autocommit = off;
```

注意：设置完成后，在后面任务中会用到这两个会话，需要重新登录命令行客户端。另外，请先将“计算机文化基础”的课程类型恢复为“选修课”，再执行下面的操作。

知识微课堂：事务隔离之读未提交

【例 4–49】演示隔离级别为 read uncommitted 的脏读现象。

（1）（会话一）查看事务隔离级别和提交设置。SQL 语句和执行结果如下：

```
mysql> select @@transaction_isolation;
+--------------------------------+
| @@transaction_isolation |
+--------------------------------+
| READ-UNCOMMITTED        |
+--------------------------------+
mysql> select @@autocommit;
+---------------------+
| @@autocommit |
+---------------------+
|        0           |
+---------------------+
```

（2）（会话二）同样设置事务隔离级别为 read uncommitted，关闭隐式事务。SQL 语句和执行结果如下：

```
mysql> select @@transaction_isolation;
```

```
+---------------------------------+
| @@transaction_isolation |
+---------------------------------+
| READ-UNCOMMITTED      |
+---------------------------------+
mysql> select @@autocommit;
+----------------------+
| @@autocommit  |
+----------------------+
|         0          |
+----------------------+
```

（3）（会话一）查看“计算机文化基础”课程类型。SQL 语句和执行结果如下：

```
mysql> select * from course where c_name = '计算机文化基础';
+--------+---------------------+------------+------------+----------+
| c_no  | c_name            | c_period  | c_credit | c_type  |
+--------+---------------------+------------+------------+----------+
| A002 | 计算机文化基础 |     64     |      2     | 选修课 |
+--------+---------------------+------------+------------+----------+
```

（4）（会话二）开启事务，将“计算机文化基础”的课程类型修改为“公共基础课”。SQL 语句和执行结果如下：

```
mysql> start transaction;
mysql> update course set c_type= '公共基础课' where c_name = '计算机文化
基础';
```

（5）（会话一）再次查看“计算机文化基础”的课程类型信息。SQL 语句和执行结果如下：

```
mysql> select * from course where c_name = '计算机文化基础';
+--------+----------------------+------------+------------+----------------+
| c_no  | c_name              | c_period | c_credit | c_type         |
+--------+----------------------+------------+------------+----------------+
| A002 | 计算机文化基础  |     64     |      2     | 公共基础课  |
+--------+----------------------+------------+------------+----------------+
```

从查询结果中可以看到，步骤（5）（会话一）中的事务查询到了步骤（4）（会话二）中事务的修改，尽管此时会话二的事务还没有提交更新。

综上，该隔离级别会引起脏读问题。脏读会带来诸多问题，在实际应用时几乎不会使用该级别的隔离。

2. 读提交（read committed）

这是指读取提交的数据内容。在该隔离级别下，所有事务只能看到其他事务已经提交的数据，该隔离级别解决了脏读的问题。将隔离级别设置为 read committed，同时关闭隐式事务。SQL 语句如下：

```
mysql> set global transaction isolation level read committed;
mysql> set global autocommit = off;
```

注意：设置完成后，后面任务中会用到两个会话，需要重新登录命令行客户端。另外，请先将“计算机文化基础”的课程类型恢复为“选修课”，再执行下面的操作。

知识微课堂：事务隔离之读提交

【例 4-50】演示隔离级别为 read committed 的不可重复读现象。

（1）（会话一）查看事务隔离级别和提交设置。SQL 语句和执行结果如下：

```
mysql> select @@transaction_isolation;
+---------------------------------+
| @@transaction_isolation |
+---------------------------------+
| READ-COMMITTED          |
+---------------------------------+
mysql> select @@autocommit;
+--------------------+
| @@autocommit |
+--------------------+
|        0          |
+--------------------+
```

（2）（会话二）查看事务隔离级别和提交设置。SQL 语句和执行结果如下：

```
mysql> select @@transaction_isolation;
+---------------------------------+
| @@transaction_isolation |
+---------------------------------+
| READ-COMMITTED          |
+---------------------------------+
mysql> select @@autocommit;
+--------------------+
| @@autocommit |
+--------------------+
|        0          |
+--------------------+
```

（3）（会话一）查看“计算机文化基础”的课程类型。SQL 语句和执行结果如下：

```
mysql> select * from course where c_name = '计算机文化基础';
+--------+----------------------+------------+-----------+-----------+
| c_no  | c_name              | c_period | c_credit | c_type   |
+--------+----------------------+------------+-----------+-----------+
| A002 | 计算机文化基础  |    64      |     2      | 选修课  |
+--------+----------------------+------------+-----------+-----------+
```

（4）（会话二）开启事务，将“计算机文化基础”的课程类型修改为“公共基础课”。SQL 语句如下：

```
mysql> start transaction;
mysql> update course set c_type= '公共基础课' where c_name = '计算机文化基础';
```

（5）（会话一）再次查看“计算机文化基础”的课程类型信息。SQL 语句和执行结果如下：

```
mysql> select * from course where c_name = '计算机文化基础';
+--------+----------------------+------------+-----------+-----------+
| c_no | c_name               | c_period | c_credit | c_type   |
+--------+----------------------+------------+-----------+-----------+
| A002 | 计算机文化基础  |    64      |     2      | 选修课  |
+--------+----------------------+------------+-----------+-----------+
```

从会话一我们可以看出，隔离级别为 read committed 时，不存在脏读的现象。

（6）（会话二）提交事务。SQL 语句如下：

```
mysql> commit;
```

（7）（会话一）再次查看“计算机文化基础”的课程类型信息。SQL 语句和执行结果如下：

```
mysql> select * from course where c_name = '计算机文化基础';
+--------+----------------------+------------+------------+-----------------+
| c_no  | c_name              | c_period | c_credit  | c_type         |
+--------+----------------------+------------+------------+-----------------+
| A002 | 计算机文化基础  |    64      |     2       | 公共基础课 |
+--------+----------------------+------------+------------+-----------------+
```

此时，我们可以看到，隔离级别为 read committed 时，不存在脏读，但同一个事务内多次查询时会获取不同的结果，因此，该隔离级别存在不可重复读的问题。

3. 可重复读（repeatable read）

可重复读是专门针对不可重复读这种情况而制定的隔离级别，是 MySQL 默认的隔离级别。将隔离级别设置为 repeatable read，同时关闭隐式事务。SQL 语句如下：

```
mysql> set global transaction isolation level repeatable read;
mysql> set global autocommit = off;
```

注意：设置完成后，后面任务中会用到两个会话，需要重新登录命令行客户端。另外，请先将“计算机文化基础”的课程类型恢复为“选修课”，再执行下面的操作。

知识微课堂：事务隔离之可重复读

【例 4-51】演示隔离级别为 repeatable read 的幻读带来的问题。

（1）（会话一）查看事务隔离级别和提交设置。SQL 语句和执行结果如下：

```
mysql> select @@transaction_isolation;
+---------------------------------+
| @@transaction_isolation |
+---------------------------------+
| REPEATABLE-READ          |
+---------------------------------+
mysql> select @@autocommit;
+---------------------+
| @@autocommit |
+---------------------+
|        0         |
+---------------------+
```

（2）（会话二）查看事务隔离级别和提交设置。SQL 语句和执行结果如下：

```
mysql> select @@transaction_isolation;
+---------------------------------+
| @@transaction_isolation |
+---------------------------------+
| REPEATABLE-READ          |
+---------------------------------+
mysql> select @@autocommit;
+---------------------+
| @@autocommit |
+---------------------+
|        0         |
+---------------------+
```

（3）（会话一）查看课程信息。SQL 语句和执行结果如下：

```
mysql> select * from course;
+---------+----------------------+-------------+------------+---------------+
| c_no  | c_name         | c_period  | c_credit  | c_type       |
+---------+----------------------+-------------+------------+---------------+
| A001  | MySQL          |    64     |     3     | 专业课       |
| A002  | 计算机文化基础 |    64     |     2     | 选修课       |
| A003  | 操作系统       |    72     |     3     | 专业基础课 |
| A004  | 数据结构       |    54     |     3     | 专业基础课 |
| A005  | Photoshop      |    54     |     2     | 专业基础课 |
| B001  | 思想政治课     |    60     |     2     | 必修课       |
| B002  | IT 产品营销    |    48     |     2     | 选修课       |
| B003  | 公文写作       |    45     |     2     | 选修课       |
| B004  | 网页设计       |    32     |     1     | 选修课       |
| B006  | 大学英语       |   128     |     6     | 必修课       |
| C001  | 会计电算化     |    64     |     3     | 必修课       |
+---------+----------------------+-------------+------------+---------------+
```

（4）（会话二）插入数据（'C002'，'Web 前端'，64，3，'专业基础课'），提交。SQL 语句和执行结果如下：

```
mysql> start transaction;
mysql> insert into course
    -> values( ' C002 ' , ' Web 前端 ' ,64,3, ' 专业基础课 ' );
mysql> commit;
```

（5）（会话一）再次查询课程信息。SQL 语句和执行结果如下：

```
mysql> select * from course;
+---------+----------------------+-------------+------------+---------------+
| c_no  | c_name         | c_period  | c_credit  | c_type       |
+---------+----------------------+-------------+------------+---------------+
| A001  | MySQL          |    64     |     3     | 专业课       |
| A002  | 计算机文化基础 |    64     |     2     | 选修课       |
| A003  | 操作系统       |    72     |     3     | 专业基础课 |
| A004  | 数据结构       |    54     |     3     | 专业基础课 |
| A005  | Photoshop      |    54     |     2     | 专业基础课 |
| B001  | 思想政治课     |    60     |     2     | 必修课       |
| B002  | IT 产品营销    |    48     |     2     | 选修课       |
| B003  | 公文写作       |    45     |     2     | 选修课       |
```

```
| B004  | 网页设计        |    32    |    1    | 选修课      |
| B006  | 大学英语        |   128    |    6    | 必修课      |
| C001  | 会计电算化      |    64    |    3    | 必修课      |
+---------+----------------------+-------------+------------+----------------+
```

从查询中我们发现，会话一中的查询并没有新的数据。

（6）（会话一）插入数据（‘C002’，‘Web 前端’，64，3，‘专业基础课’）。SQL 语句和执行结果如下：

```
mysql> insert into course
    -> values( ' C002 ' , ' Web 前端 ' ,64,3, ' 专业基础课 ' );
ERROR 1062 (23000): Duplicate entry ' C002 ' for key ' course.PRIMARY '
```

插入失败，提示存在重复的记录，明明查询的时候没有这条记录，但插入却失败，也就是说会话二中的事务插入（或删除）的记录在其他事务中不可见，但的确存在，这便是前文中提到的第二种形式的幻读。在该隔离级别不存在第一种形式的幻读，但存在第二种形式的幻读。

需要注意的是，在上述操作中，会话一是在执行 commit 操作之前执行查询的，如果在 commit 之后再去执行查询便能够看到插入的记录，因为执行 commit 后意味着开启了新的事务，而且是在会话二中的事务提交之后，这其实也是接下来的串行化隔离级别。

4. 串行化（serializable）

知识微课堂：事务隔离之串行化

该隔离级别是最高的，同时代价也是最大的，性能最低，一般很少用。因为在该隔离级别下，事务按着顺序依次执行。将隔离级别设置为 serializable，同时关闭隐式事务。SQL 语句如下：

```
mysql> set global transaction isolation level serializable;
mysql> set global autocommit = off;
```

注意：设置完成后，后面任务中会用到两个会话，需要重新登录命令行客户端。

【例 4-52】演示隔离级别为 serializable 的操作。

（1）（会话一）查看事务的隔离级别和设置。SQL 语句和执行结果如下：

```
mysql> select @@transaction_isolation;
+----------------------------------+
| @@transaction_isolation |
+----------------------------------+
| SERIALIZABLE                |
+----------------------------------+
mysql> select @@autocommit;
```

```
+----------------------+
| @@autocommit |
+----------------------+
|          0           |
+----------------------+
```

（2）（会话二）查看事务的隔离级别和设置。SQL 语句和执行结果如下：

```
mysql> select @@transaction_isolation;
+--------------------------------+
| @@transaction_isolation |
+--------------------------------+
| SERIALIZABLE                   |
+--------------------------------+
mysql> select @@autocommit;
+----------------------+
| @@autocommit |
+----------------------+
|          0           |
+----------------------+
```

（3）（会话一）查看课程信息。SQL 语句和执行结果如下：

```
mysql> select * from course;
+---------+----------------------+--------------+------------+-----------------+
| c_no  | c_name              | c_period | c_credit | c_type         |
+---------+----------------------+--------------+------------+-----------------+
| A001 | MySQL               |     64      |     3      | 专业课         |
| A002 | 计算机文化基础 |     64      |     2      | 选修课         |
| A003 | 操作系统           |     72      |     3      | 专业基础课 |
| A004 | 数据结构           |     54      |     3      | 专业基础课 |
| A005 | Photoshop         |     54      |     2      | 专业基础课 |
| B001 | 思想政治课       |     60      |     2      | 必修课         |
| B002 | IT 产品营销       |     48      |     2      | 选修课         |
| B003 | 公文写作           |     45      |     2      | 选修课         |
| B004 | 网页设计           |     32      |     1      | 选修课         |
| B006 | 大学英语           |    128     |     6      | 必修课         |
| C001 | 会计电算化       |     64      |     3      | 必修课         |
| C002 | Web 前端          |     64      |     3      | 专业基础课 |
+---------+----------------------+--------------+------------+-----------------+
```

（4）（会话二）查看课程信息。SQL 语句和执行结果如下：

```
mysql> select * from course;
+--------+---------------------+-----------+----------+-------------+
| c_no  | c_name              | c_period  | c_credit | c_type      |
+--------+---------------------+-----------+----------+-------------+
| A001  | MySQL               |    64     |    3     | 专业课      |
| A002  | 计算机文化基础      |    64     |    2     | 选修课      |
| A003  | 操作系统            |    72     |    3     | 专业基础课  |
| A004  | 数据结构            |    54     |    3     | 专业基础课  |
| A005  | Photoshop           |    54     |    2     | 专业基础课  |
| B001  | 思想政治课          |    60     |    2     | 必修课      |
| B002  | IT 产品营销         |    48     |    2     | 选修课      |
| B003  | 公文写作            |    45     |    2     | 选修课      |
| B004  | 网页设计            |    32     |    1     | 选修课      |
| B006  | 大学英语            |   128     |    6     | 必修课      |
| C001  | 会计电算化          |    64     |    3     | 必修课      |
| C002  | Web 前端            |    64     |    3     | 专业基础课  |
+--------+---------------------+-----------+----------+-------------+
```

（5）（会话二）删除课程 C002。SQL 语句和执行结果如下：

```
mysql> delete from course where c_no = ' C002 ';
ERROR 1205 (HY000): Lock wait timeout exceeded; try restarting transaction
```

我们看到会话二的删除操作会卡住，直到超时退出。如果将会话一中的事务提交，去执行删除，会有什么样的效果呢？

（6）（会话一）提交事务。SQL 语句如下：

```
mysql> commit;
```

（7）（会话二）再次删除课程 C002。SQL 语句如下：

```
mysql> delete from course where c_no = ' C002 ';
mysql> commit;
```

这时，就可以正常删除，验证了串行化意味着事务之间失去了并发性。虽然 serializable 级别完全避免了脏读、不可重复读、幻读，但性能太差，在实际中一般也很少使用。

任务实施

使用人事管理数据库 rsgl 中的员工表 employee 和工资表 salary，完成下列任务（注意，关闭事务的隐式提交）。

（1）模拟事务提交过程：开启事务，删除员工 100100 的基本信息和工资信息，查询该员工的信息，提交事务，再次查询该员工的信息。

（2）模拟事务回滚过程：开启事务，删除员工 100101 的基本信息和工资信息，查询该员工的信息，回滚，再次查询该员工的信息。

（3）模拟回滚到保存点过程：开启事务，删除员工 100102 的基本信息和工资信息，设置保存点，查询该员工的信息，回滚到保存点，再次查询该员工的信息。

（4）设置事务隔离级别为 repeatable read（默认级别）：

（会话二）开启事务，查询员工 100103 的基本信息和工资信息；

（会话一）开启事务，删除员工 100103 的基本信息和工资信息；

（会话二）再次查询员工 100103 的信息，查看是否存在脏读的问题；

（会话一）提交事务，（会话二）再次查看员工 100103 的信息，查看是否存在不可重复读的问题。

任务要求：

要求撰写实训报告，把完成任务过程中主要操作、命令及关键步骤的截图，遇到的问题与解决方法、未解决或需要进一步探讨的问题，以及任务实践过程中的收获和经验教训写入报告并提交（实训报告见附录）。

拓展阅读 正式启动！“东数西算”工程全面实施

2022 年 2 月，国家发展改革委、中央网信办、工业和信息化部、国家能源局联合印发文件，同意在京津冀、长三角、粤港澳大湾区、成渝、内蒙古、贵州、甘肃、宁夏启动建设国家算力枢纽节点，并规划了张家口集群等 10 个国家数据中心集群。至此，全国一体化大数据中心体系完成总体布局设计，“东数西算”工程正式全面启动。

按照全国一体化大数据中心体系布局，8 个国家算力枢纽节点将作为我国算力网络的骨干连接点，发展数据中心集群，开展数据中心与网络、云计算、大数据之间的协同建设，并作为国家“东数西算”工程的战略支点，推动算力资源有序向西转移，促进解决东西部算力供需失衡问题。

据了解，国家层面将推动各枢纽节点尽快建立健全工作协调推进机制，强化数据中心绿色发展要求，推动更多数据中心向可再生能源更丰富的西部地区转移。同时，加强网络、电力、用能等方面的政策支持力度，围绕枢纽节点布局新型互联网交换中心、物联网骨干直连点等网络设施，推动各枢纽节点制定切实有效的建设方案和配套措施。

模块 5

数据库高级管理功能开发

知识导图

- 模块5 数据库高级管理功能开发
  - 任务5.1 用户与权限的开发
    - 用户管理
    - 权限管理
    - 角色管理
  - 任务5.2 备份与恢复的应用
    - MySQL自带的备份和恢复工具
    - 数据库备份和恢复
    - 数据表备份和恢复
    - 表结构备份和恢复
    - 数据的备份和恢复

任务 5.1 用户与权限的开发

任务目标

◎ 知识目标	1. 了解安全性 2. 掌握 create user 语句、password 语句、grant 语句和 revoke 语句
◎ 技能目标	1. 能使用 create user 语句创建用户 2. 能使用 password 语句设置用户密码、给密码加密 3. 能使用 grant 语句创建用户并授予权限以及使用 revoke 语句回收权限
◎ 素养目标	1. 养成工作效率意识和安全意识，提升职业素养 2. 养成爱岗敬业、严谨的工作态度 3. 保护好个人信息，养成信息安全意识

任务书

任务	任务 5.1　用户与权限的开发	所属模块	模块 5　数据库高级管理功能开发
任务描述	本任务将学习使用 create user 语句创建用户，使用 password 语句设置用户密码、给密码加密，使用 grant 语句创建用户并授予权限以及使用 revoke 语句回收权限的方法，尝试通过修改 MySQL 授权表来创建用户、设置密码和授予权限。		
学习产品	关于创建用户、授予与回收用户权限等操作的实训报告（见附录）		
学习要求	1. 预习 （1）理解安全性 （2）创建用户账户 （3）授予用户权限 （4）使用 revoke 语句收回权限 （5）权限转移 （6）权限限制 2. 掌握 （1）用户管理 （2）权限管理		

知识储备

MySQL 用户包括 root 用户和普通用户。这两种用户的权限是不一样的。root 用户是超级管理员，拥有所有的权限，包括创建用户、删除用户和修改普通用户的密码等管理权限。而普通用户只拥有创建该用户时赋予它的权限。例如，某校的教学管理系统，对用户权限的要求如下：教务处管理员有对课程表、学生表和成绩表的所有权限（insert、update、delete 等），任课教师可以录入成绩，但不能修改学生表、课程表数据，学生只能查看（select）相关表数据，而不能进行更新、删除。那么，该怎样建立这些用户并设置相应的权限呢？

当用户登录 MySQL 服务器执行各种操作时，首先向服务器发送连接请求，确认用户的操作请求是否被允许，这个过程称为访问控制过程。MySQL 的访问控制主要分为两个阶段：连接验证和权限控制。

5.1.1 用户管理

以 root 身份登录服务器后，可以添加新账户，账户信息将被保存在数据库 mysql 的 user 表中。

知识微课堂：创建用户

1. 创建用户

MySQL 使用 create user 语句创建用户。SQL 语句如下：

```
create user user_1 identified by ' password 1 ',
            ...,
            user_n identified by ' password n ';
```

▶ 提示：

（1）user 的格式为：'user_name' @ 'host_name'。如果用户名或主机名中包含特殊字符，例如空格或者“-”，需要使用引号分别引用这两部分内容。其中，host_name 如果为“%”表示任意主机，localhost 表示本地主机。

（2）identified by：指定用户密码。

（3）同时创建多个用户时用逗号分隔。

【例 5-1】创建两个用户，用户名分别为 test_user1 和 test_user2，其中，test_user1 允许从任意主机登录，test_user2 只允许从本机登录，两个用户密码都设置为 123456。SQL 语句如下：

```
mysql> create user ' test_user1 ' @ ' % ' identified by ' 123456 ',
    ->                ' test_user2 ' @ ' localhost ' identified by ' 123456 ';
```

可通过查询命令查看创建的用户情况，SQL 语句和执行结果如下：

```
mysql> select user, host from mysql.user where user like ' test_% ';
```

```
+---------------+-------------+
| user          | host        |
+---------------+-------------+
| test_user1    | %           |
| test_user2    | localhost   |
+---------------+-------------+
```

【例 5-2】创建两个用户，用户名分别为 test_user3 和 test_user4，其中，test_user3 只允许从主机 192.168.2.10 登录，密码为 123456；test_user4 允许从网段为 192.168.1.0/24 的主机登录，密码为空。SQL 语句如下：

```
mysql> create user 'test_user3'@'192.168.2.10' identified by '123456',
    ->             'test_user4'@'192.168.1.%' identified by '';
```

查询创建的用户信息，SQL 语句和执行结果如下：

```
mysql> select user, host from mysql.user where user like 'test_%';
+---------------+-----------------+
| user          | host            |
+---------------+-----------------+
| test_user1    | %               |
| test_user4    | 192.168.1.%     |
| test_user3    | 192.168.2.10    |
| test_user2    | localhost       |
+---------------+-----------------+
```

2. 修改用户

知识微课堂：
修改和删除用户

修改用户最常用的操作包括修改用户密码和用户标识。

（1）修改用户密码。

通过 alter user 语句修改：

```
alter user user_1 identified by 'password 1',
    ...
           user_n identified by 'password n';
```

【例 5-3】修改用户 test_user4 的密码为 12345678。

```
mysql> alter user 'test_user4'@'192.168.1.%' identified by '12345678';
```

通过 set password 语句修改：

```
set password [for user] = password('new_password')
```

▶ 提示：

password( ) 为函数库中的加密函数，为密码加密，也可以直接以字符串形式设置。

【例 5–4】修改用户 test_user4 的密码为 12345678。

SQL 语句如下：

```
mysql> set password for ' test_user4 ' @ ' 192.168.1.% ' = ' 12345678 ' ;
```

（2）修改用户标识。

如果需要修改用户标识，MySQL 提供了 rename user 命令，SQL 语句如下：

```
rename user old_user_1 to new_user_1,
                    ...
                    old_user_n to new_user_n;
```

▶ 提示：

不要忘记用户的标识为‘用户名’@‘主机’，故可以修改用户名或者主机，或者两者同时修改。

【例 5–5】将用户‘test_user1’@‘%’修改为‘my_user1’@‘localhost’。

SQL 语句如下：

```
mysql> rename user ' test_user1 ' @ ' % ' to ' my_user1 ' @ ' localhost ' ;
```

▶ 提示：

修改用户是对原有账户进行操作，如果旧账户不存在或者新账户已存在，都会出现错误。

3. 删除用户

通过 drop user 语句删除，SQL 语句如下：

```
drop user [if exists] user 1, ..., user n;
```

【例 5–6】删除用户 test_user2、test_user3、test_user4。

SQL 语句如下：

```
mysql> drop user if exists ' test_user2 ' @ ' localhost ' ,
    ->                     ' test_user3 ' @ ' 192.168.2.10 ' ,
    ->                     ' test_user4 ' @ ' 192.168.1.% ' ;
```

5.1.2　权限管理

新创建的用户默认只有 usage 权限，只能连接数据库，而没有任何操作权限，如果需要其他操作权限，必须被授权。

知识微课堂：
权限管理

1. 授予权限

授权可通过 grant 语句完成，SQL 语句如下：

```
grant priv_type, priv_type, ...
    on priv_level
    to user_or_role, user_or_role, ...
    [with grant option]
```

▶ 提示：

● priv_type 为权限类型。usage 为无权限，只能登录数据库；all 为所有权限；指定权限可以为 select、update、delete、insert、insert、drop alter 等。

● priv_level 指定权限的作用级别，可分为全局级、数据库级、表级、列级。

● user_or_role 指授予对象为用户或者角色，用户对应上面的讲述，角色参考后面的内容。

● with grant option 选项表示允许把自己的权限授予其他用户或者从其他用户收回自己的权限，但是这个权限分配不能超过自身权限。

需要注意的是，MySQL 8.0 版本之后，不再允许通过 grant 语句创建用户，因此授权之前请确保用户已存在。

（1）全局权限。

存储在 mysql 数据库的 user 表中，作用于所有的数据库，使用 *.* 表示。

【例 5-7】授权用户 my_user1 对全部数据库的所有权限。

SQL 语句如下：

```
mysql> grant all on *.* to ' my_user1 ' @ ' localhost ' ;
```

设置完权限后，可通过 show grants for user 语句查看权限：

```
mysql> show grants for ' my_user1 ' @ ' localhost ' ;
```

（2）数据库级权限。

存储在 mysql 数据库的 db 表中，作用于指定数据库中的所有对象，使用 db_name.* 表示。

【例 5-8】授予用户 my_user1 对 jxgl 库的所有表有 select、insert、update、delete 的权限。

SQL 语句如下：

```
mysql> grant select, insert, update, delete on jxgl.* to ' my_user1 ' @ ' localhost ' ;
```

（3）表级权限。

存储在 mysql 数据库的 tables_priv 表中，作用于整个表，使用 db_name.table_name 表示。如果没有指定 db_name，将使用默认数据库。

【例 5-9】授予用户 my_user1 对 jxgl 库中 student 表的查询和更新的权限。

SQL 语句如下：

```
mysql> grant select,update on jxgl.student to ' my_user1 ' @ ' localhost ' ;
```

（4）列级权限。

存储在 mysql 数据库中的 columns_priv 表中，作用于表的指定列。与其他级别权限表示方式不同，列级权限后面紧跟作用的具体的列名。例如，select(s_name) 对 s_name 列有查询权限。

【例 5-10】授予 my_user1 在 student 表上的学号列和姓名列的 update 权限。

SQL 语句如下：

```
mysql> grant update(s_no, s_name) on student to ' my_user1 ' @ ' localhost ' ;
```

没有指定数据库，此时默认使用在当前数据库，可通过 database( ) 函数查看当前所用的数据库。SQL 语句和执行结果如下：

```
mysql> select database();
+----------------+
| database()  |
+----------------+
| jxgl            |
+----------------+
```

2. 回收权限

revoke 命令用于回收用户权限。

【格式一】

```
revoke [if exists] priv_type, priv_type, ...
      on priv_level
      from user_or_role, user_or_role, ...
```

【格式二】

```
revoke [if exists] all, grant option
      from user_or_role, user_or_role, ...
```

第一种格式用于回收某些特定的权限，第二种格式用于回收该用户的所有权限。

【例 5-11】回收用户 ‘my_user1’ @ ‘localhost’ 在 student 表上的 update 权限。

SQL 语句如下：

```
mysql> revoke update
     ->      on jxgl.student
     ->      from ' my_user1 ' @ ' localhost ' ;
```

【例 5-12】回收用户 ‘my_user1’ @ ‘localhost’ 所有的权限。

SQL 语句如下：

```
mysql> revoke all, grant option
    -> from ' my_user1 ' @ ' localhost ';
```

5.1.3　角色管理

知识微课堂：
角色管理

MySQL 8.0 版本之前权限直接授予用户，如图 5-1 所示：

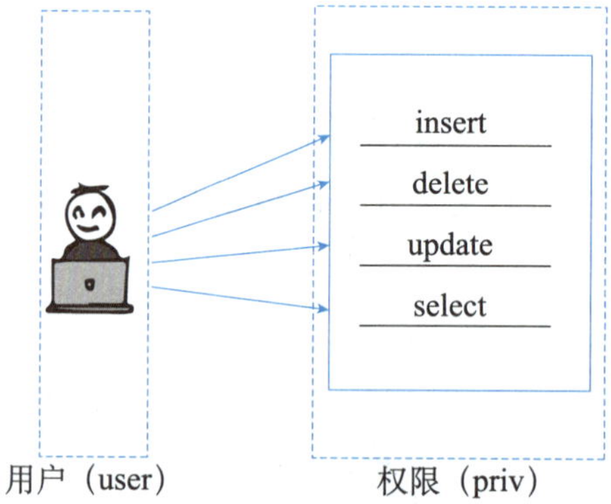

图 5-1　MySQL 8.0 版本之前的权限

在实际应用中，很多用户的权限都是相同的，主要分为几类用户，不同类别的用户可能经常切换，比如开发人员、测试人员、运维人员等。若直接应用上面的授权模式，随着用户数量的增长，权限的管理将越来越复杂，为此 MySQL 8.0 版本之后的版本引入了新的特性：角色。现在授权模式如图 5-2 所示。

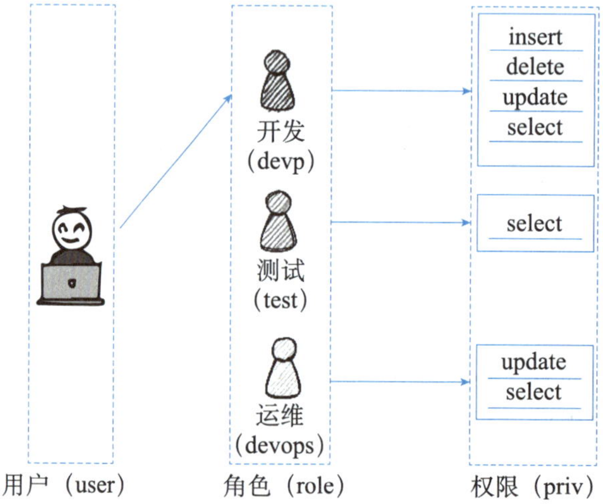

图 5-2　MySQL 8.0 版本之后的权限

现在不再是将权限直接授予用户，而是授予角色，用户通过关联角色间接完成权限设置。因此，角色本质上是一组权限的集合，与用户设置类似，只不过角色不能用于登录数据库。

1. 创建角色

创建角色的语法和创建用户的语法基本相同，只不过不需要设置密码。SQL 语句如下：

```
create role [if not exists] role_1,..., role_n;
```

【例 5-13】创建两个角色：devp_role 和 test_role。

SQL 语句如下：

```
mysql> create role ' devp_role ' @ ' % ' , ' test_role ' ;
```

查看用户和密码信息，SQL 语句和执行结果如下：

```
mysql> select user, host, authentication_string from mysql.user;
+--------------+--------+---------------------------+
| user         | host   | authentication_string     |
+--------------+--------+---------------------------+
| devp_role    |   %    |                           |
| test_role    |   %    |                           |
+--------------+--------+---------------------------+
```

我们可以看到，角色的形式和用户一样，都是‘名称’@‘主机’的方式，不过角色没有密码，因为角色不需要、也不能登录。另外，如果没有设置主机，默认使用 %。

2. 为角色授权

与用户授权方式类似，为角色授权同样通过 grant 语句完成。

【例 5-14】为角色 devp_role 和 test_role 授权，devp_role 对数据库 jxgl 拥有 create、alter、drop、insert、delete、update、select 权限，test_role 对数据库 jxgl 拥有 insert、delete、update、select 权限。

SQL 语句如下：

```
mysql> grant create, alter, drop, insert, delete, update, select
    -> on jxgl.*
    -> to devp_role;
mysql> grant insert, delete, update, select
    -> on jxgl.*
    -> to test_role;
```

查看角色 devp_role 和 test_role 对应的权限，SQL 语句和执行结果如下：

```
mysql> show grants for devp_role;
+----------------------------------------------------------------------------------------------+
| Grants for devp_role@%                                                                       |
```

```
+------------------------------------------------------------------------------------------+
| grant USAGE ON *.* TO `devp_role`@`%`                                                    |
|grant select, INSERT, UPDATE, DELETE, CREATE, DROP, ALTER ON `jxgl`.* TO `devp_role`@`%`  |
+------------------------------------------------------------------------------------------+
mysql> show grants for test_role;
+----------------------------------------------------------------------+
| Grants for test_role@%                                               |
+----------------------------------------------------------------------+
| grant USAGE ON *.* TO `test_role`@`%`                                |
|grant select, INSERT, UPDATE, DELETE ON `jxgl`.* TO `test_role`@`%`   |
+----------------------------------------------------------------------+
```

3. 关联用户

【例 5–15】创建两个用户 'devp_user' @ '%' 和 'test_user' @ '%'，分别关联 devp_role 和 test_role。

先创建用户：

```
    mysql> create user devp_user identified by ' 123456 ' , test_user identified by
' 123456 ';
```

为用户关联角色：

```
    mysql> grant devp_role to devp_user;
    mysql> grant test_role to test_user;
```

查看用户的权限：

```
    mysql> show grants for devp_user;
    +------------------------------------------+
    | Grants for devp_user@%                   |
    +------------------------------------------+
    | grant USAGE ON *.* TO `devp_user`@`%`    |
    | grant `devp_role`@`%` TO `devp_user`@`%` |
    +------------------------------------------+
```

使用 using 选项可以查看用户通过角色获取的具体权限：

```
mysql> show grants for devp_user using devp_role;
+----------------------------------------------------------------------------------+
| Grants for devp_user@%                                                           |
+----------------------------------------------------------------------------------+
| grant USAGE ON *.* TO `devp_user`@`%`                                            |
```

```
| grant select, INSERT, UPDATE, DELETE, CREATE, DROP, ALTER ON `jxgl`.* TO `devp_user`@`%`    |
| grant `devp_role`@`%` TO `devp_user`@`%`                                                     |
+----------------------------------------------------------------------------------------------+
```

4. 激活角色

赋予用户的角色只有在会话中处于活动状态，用户才具有相应的权限。因此，要确定当前会话哪些角色处于活动状态，需要使用 current_role( ) 函数。若角色处于非活动状态，需要激活角色。

【例 5-16】查看角色 devp_role 的活动状态，若处于非激活状态，将其激活。

SQL 语句和执行结果如下：

```
mysql> select current_role();
+--------------------+
| current_role()  |
+--------------------+
| NONE               |
+--------------------+
mysql> set default role devp_role to devp_user;
```

激活之后，我们以 devp_user 的用户身份登录服务器，查看角色的活动状态。

```
C:\Program Files\MySQL\MySQL Server 8.0\bin>mysql -u devp_user -p
mysql> use jxgl;
Database changed
mysql> select current_role();
+-----------------------+
| current_role()        |
+-----------------------+
| `devp_role`@`%`   |
+-----------------------+
```

此时，devp_user 才能应用 devp_role 角色的权限。

5. 回收角色权限

与回收用户权限类似，回收角色权限同样使用 revoke 语句。需要注意的是，修改了角色的权限，会影响角色对应账户的权限。

【例 5-17】回收 test_role 的所有权限。

SQL 语句如下：

```
mysql> revoke all
    -> on jxgl.*
```

```
    -> from devp_role;
```

6. 删除角色

类似删除用户，drop role 语句可用来删除角色。同时会撤销为用户指定的角色。

【例 5-18】删除角色 devp_role 和 test_role。

SQL 语句如下：

```
mysql> drop role devp_role,test_role;
```

同时会撤销为用户指定的角色：

```
mysql> show grants for test_user;
+-------------------------------------------------+
| Grants for test_user@%                          |
+-------------------------------------------------+
| grant USAGE ON *.* TO `test_user`@`%`           |
+-------------------------------------------------+
```

任务实施

在人事管理数据库 rsgl 中进行如下操作：

（1）用 create user 命令创建一个 GUEST_1 用户，以本地主机登录 MySQL 服务器。

（2）用 create user 命令同时创建两个用户 zhuang 和 wang，以任意主机登录 MySQL 服务器，并指定密码分别为“333”和“222”。

（3）用 set password 命令对用户 GUEST_1 设置密码为“123”。

（4）用 grant 授予用户 zhuang 访问数据库的所有权限，授予 wang 用户对 employee 表有查看、更新的权限。

（5）用 revoke 命令回收用户 wang 的权限。

任务要求：

要求撰写实训报告，把完成任务过程中主要操作、命令及关键步骤的截图，遇到的问题与解决方法、未解决或需要进一步探讨的问题，以及任务实践过程中的收获和经验教训写入报告并提交（实训报告见附录）。

任务 5.2 备份与恢复的应用

任务目标

◎ 知识目标

1. 掌握 mysqlpump 语句
2. 掌握 select into outfile 语句
3. 掌握 load data infile 语句
4. 掌握 mysqlpump 备份与恢复方法
5. 掌握 mysqlimport 恢复表数据方法
6. 掌握 source 语句

◎ 技能目标

1. 能使用 select into outfile、load data infile、source 语句备份与恢复数据
2. 能使用 MySQL 的管理工具 mysqlpump 和 mysqlimport 备份与恢复数据

◎ 素养目标

1. 养成规范操作的意识
2. 养成精益求精的工匠精神
3. 养成吃苦耐劳的沂蒙精神

任务书

任务	任务 5.2 备份与恢复的应用	所属模块	模块 5 数据库高级管理功能开发
任务描述	本任务学习 select into outfile、load data infile、source 语句备份与恢复数据的方法，使用 MySQL 的管理工具 mysqlpump 和 mysqlimport 备份与恢复数据。		
学习产品	关于数据库备份与恢复等操作的实训报告（见附录）		
学习要求	1. 预习 （1）用 select into outfile 备份表数据 （2）用 load data infile 恢复表数据 （3）用 mysqlpump 备份与恢复表和数据库 （4）用 mysqlimport 恢复表数据 （5）用 source 恢复表和数据库 2. 掌握 （1）数据库、数据表与数据的备份 （2）数据库、数据表与数据的恢复		

知识储备

多种原因可能导致数据库系统数据被破坏。例如，数据库系统在运行过程中可能出现故障、计算机系统由于出现操作失误或系统故障、计算机病毒或者物理介质故障等。像银行数据库系统、股票交易系统存储着客户账户的重要信息，绝对不允许出现故障和数据破坏。为了保证数据的安全，需要定期对数据进行备份。如果数据库中的数据出现了错误，可以使用备份好的数据进行数据还原，将损失降低到最小。

数据库备份主要分为物理备份和逻辑备份。MySQL 的实现是基于文件系统的目录和文件，因此物理备份实质就是将数据库目录和文件复制一份，可通过工具 Xtrabackup 实现。逻辑备份主要由创建数据库对象和生成数据的 sql 脚本构成，可通过 MySQL 自带的工具实现，这也是我们主要关注的备份方式。

5.2.1 MySQL 自带的备份和恢复工具

知识微课堂：备份和恢复工具的介绍

1. 备份工具

（1）mysqlpump：

```
Usage: mysqlpump [options] [--all-databases]
or     mysqlpump [options] --databases db1 [db2 db3...]
or     mysqlpump [options] database [tables]
```

options 说明：

--add-drop-database	/* 创建数据库之前先执行删除数据库的操作 */
--add-drop-table	/* 创建数据表之前先执行删除数据表的操作 */
--all-databases	/* 备份所有数据库 */
--complete-insert	/* 导出包含所有列的完整 insert 语句 */
--databases	/* 指定需要备份的数据库，多个数据库之间用空格分隔 */
--exclude-databases	/* 备份指定之外的数据库，多个数据库之间用逗号分隔 */
--exclude-tables	/* 备份指定之外的数据表，多个数据表之间用逗号分隔 */
--include-databases	/* 指定备份的数据库，多个数据库之间用逗号分隔 */
--inlcude-tables	/* 指定备份的数据表，多个数据表之间用逗号分隔 */
--no-create-db	/* 备份时不包含 create database 语句 */
--no-create-info	/* 备份时不写建表语句，即不备份表结构，只备份数据 */
--skip-dump-rows	/* 只备份表结构，不备份数据 */
--replace	/* 导出的数据用 replace into 代替 insert into */
--result-file	/* 指定导出的目的文件 */

默认 mysqlpump 导出的 .sql 文件中不但包含表数据，还包括导出数据库中所有数据表的结构信息。另外，使用 mysqlpump 导出的 sql 文件如果不带绝对路径，默认是保存在 bin 目录下的。

（2）select into outfile：

```
select ... into outfile ' file_name '
    [fields terminated by ' string ' ]  /* 导出字段按 string 分隔 */
    [lines terminated by ' string ' ]  /* 导出内容的换行分隔符为 string */
```

导出的数据可以自己规定格式，例如 .txt、.xls、.doc、.xml 等，通常是 .txt 文件。并且导出的是纯数据，不存在建表信息。也可以直接导入另外一个同数据库的不同表中，当然表结构要相同。

2. 恢复工具

（1）mysql：

```
mysql -u user_name -p password [dbname] < file_name
```

file_name 需要是 .sql 文件。

（2）source：

```
source file_name
```

source 命令的用法非常简单，首先进入数据库的命令行管理界面，然后选择需要导入的数据库。使用 source 命令能够将备份好的 .sql 文件导入数据库。

（3）load data infile：

```
load data infile ' file_name ' into table tbl_name
    [fields terminated by ' string ' ]
    [lines terminated by ' string ' ]
```

load data infile 一般和 select into outfile 配合使用，用来导入普通文本文件的数据。

（4）mysqlimport：

```
mysqlimport [options] db_name textfile1 [textfile2 ...]
```

options 说明：

--columns　　　　　　/* 设置字段的顺序 */
--fields-terminated-by　　/* 指定各字段的值之间的分隔符 */
--lines-terminated-by　　/* 指定换行符 */

mysqlimport 客户端提供了 load data infile 语句的一个命令行接口。mysqlimport 的大多数选项直接对应 load data infile 子句。

5.2.2 数据库备份和恢复

知识微课堂：数据库的备份和恢复

1. 备份数据库

【例 5-19】导出全部数据库。

SQL 语句如下：

```
mysqlpump -uroot -proot --all-databases > all_databases.sql
```

说明：mysqlpump 默认不会备份 information_schema、performance_schema、sys 等数据库。

【例 5-20】导出 jxgl 和 rsgl 数据库。

SQL 语句如下：

```
mysqlpump -uroot -proot --databases jxgl rsgl > jxgl_rsgl.sql
```

【例 5-21】导出除 sakila 和 world 之外的其他数据库。

SQL 语句如下：

```
mysqlpump -uroot -proot --exclude-databases=sakila, world > exclude_databases.
sql
```

【例 5-22】导出以 test 为开头的数据库。

SQL 语句如下：

```
mysqlpump -uroot -proot --include-databases=test% > test_databases.sql
```

说明：mysqlpump 支持通配符 * 和 _。

2. 恢复数据库

【例 5-23】恢复 jxgl 和 rsgl 数据库。

SQL 语句如下：

```
mysql -uroot -proot < jxgl_rsgl.sql
```

5.2.3　数据表备份和恢复

知识微课堂：数据表的备份和恢复

1. 备份数据表

【例 5-24】导出数据库 jxgl 中的 student、teacher、department 表。

SQL 语句如下：

```
mysqlpump -uroot -proot jxgl --include-tables=student, teacher, department >
partial_tables.sql
```

【例 5-25】导出数据库 jxgl 中除 teach 之外的其他表。

SQL 语句如下：

```
mysqlpump -uroot -proot jxgl --exclude-tables=teach > exclude_teach.sql
```

【例 5-26】导出数据库 jxgl 中表名以 ent 结尾的表。

SQL 语句如下：

```
mysqlpump -uroot -proot jxgl --include-tables=%ent > ent_tables.sql
```

2. 恢复数据表

【例 5-27】恢复 jxgl 中的 student、teacher、department 表。

SQL 语句如下：

```
mysql -uroot -proot < partial_tables.sql
```

也可以在命令行先切换到数据库 jxgl，执行 source 命令：

```
mysql> source C:\Program Files\MySQL\MySQL Server 8.0\bin\partial_tables.sql
```

说明：source 命令导入数据库需要先登录到数据库终端。

5.2.4 表结构备份和恢复

1. 备份表结构

【例 5-28】导出数据库 jxgl 中所有的数据库对象。

SQL 语句如下：

```
mysqlpump -uroot -proot jxgl --skip-dump-rows >jxgl_objects.sql
```

【例 5-29】导出数据库 jxgl 中 student 表的结构。

SQL 语句如下：

```
mysqlpump -uroot -proot jxgl --include-tables=student --skip-dump-rows
>student_define.sql
```

2. 恢复表结构

【例 5-30】恢复 student 表结构。

SQL 语句如下：

```
mysql -uroot -proot < student_define.sql
```

也可以在命令行通过执行 source 命令：

SQL 语句如下：

```
mysql> source C:\Program Files\MySQL\MySQL Server 8.0\bin\student_define.
sql
```

5.2.5 数据的备份和恢复

知识微课堂：数据的备份和恢复

1. 备份数据

【例 5-31】导出 student 表中的数据到 D 盘 data 文件夹下，并命令为

student_data.txt。

SQL 语句如下：

```
mysql>select * into outfile ' D:\data\student_data.txt ' from student;
```

2. 恢复数据

【例 5–32】导入 student 表数据。

SQL 语句如下：

```
mysql> load data infile 'D:\data\student_data.txt ' into table student;
```

▶ 提示：

（1）如果表结构破坏，不能直接用 load data infile 恢复数据，要先恢复表结构。

（2）如要恢复数据，为避免主键冲突，要用 replace into table 直接将数据进行替换来恢复数据：

```
mysql> load data infile 'D:\data\student_data.txt ' replace into table student;
```

也可以通过 mysqlimport 完成数据的导入：

```
mysqlimport -uroot -proot jxgl D:\data\student_data.txt
```

任务实施

在人事管理数据库 rsgl 中进行如下操作：

（1）用 mysqlpump 命令来备份 rsgl 数据库。

- 尝试删除数据库的 department 表，还原数据库，然后查看恢复情况。
- 尝试修改 employee 表的结构，删除某字段，还原数据库，然后查看恢复情况。

（2）用 mysqlpump 命令备份 department 表，将文件保存在“D:/mysqlbackup”文件夹中，然后删除该表数据，再用 .sql 文件导入进行恢复，查看恢复情况。

（3）用 mysqlpump 命令分别备份所有表的数据和结构，将分别生成 .txt 文件和 .sql 文件。尝试破坏 department 表的结构和数据，然后用备份好的 department.sql 恢复表结构，用 mysqlimport 命令将备份好的 department.txt 文件恢复表数据。

任务要求：

要求撰写实训报告，把完成任务过程中主要操作、命令及关键步骤的截图，遇到的问题与解决方法、未解决或需要进一步探讨的问题，以及任务实践过程中的收获和经验教训写入报告并提交（实训报告见附录）。

拓展阅读 史上十大数据泄露事件

数据泄露等重大网络安全事件往往是不断重复错误的过程。以史为鉴，我们可以从过去的数据泄露事件中吸取宝贵经验教训。事实上，如果企业遵循简单的网络安全最佳实践，下文列举的大规模数据泄露事件完全可以避免。

（1）雅虎泄露数据（2013年）：30亿。

（2）印度政府数据库 Aadhaar 泄露数据：11亿。

（3）第一美国金融（First American Financials）泄露数据：8.85亿。

（4）在线垃圾邮件机器人（Onliner Spambot）泄露数据：7.11亿。

（5）Facebook 泄露数据：5.33亿。

（6）雅虎泄露数据（2014年）：5亿。

（7）FriendFinder 泄露数据：4.12亿。

（8）万豪国际泄露数据：3.83亿。

（9）Twitter（现名为“X”）泄露数据：3.3亿。

（10）微软泄露数据：2.5亿。

一桩桩数据泄露事件的恶劣影响，为我们敲响警钟。我们必须深刻认识到网络安全、数据安全的重要性。习近平总书记指出：“要切实保障国家数据安全。要加强关键信息基础设施安全保护，强化国家关键数据资源保护能力，增强数据安全预警和溯源能力。”数据安全与网络安全是密切相关的，是国家主权、国家安全的重要组成部分。数据安全不仅关乎国家安全，也与我们每一个人的权益息息相关，企业与个人都应重视和警醒，从这些数据泄露事件中总结教训与经验，警钟长鸣。

模块 6

综合实训——学生成绩管理数据库设计

知识导图

- 模块6 综合实训——学生成绩管理数据库设计
  - 任务6.1 需求分析
  - 任务6.2 数据库功能结构
  - 任务6.3 数据库设计与实现
    - 创建数据库和数据表
    - 插入模块
    - 更新模块
    - 查询模块
    - 删除模块

数据库对于当前 Web 应用不可或缺，MySQL 数据库是应用最为广泛的。本模块要求学生综合运用本门课所学知识，独自搭建 MySQL 数据库环境，实现学生成绩管理数据库的设计。

任务 6.1 需求分析

该数据库主要解决学生成绩的查询和分析问题，方便学生了解自己各科的成绩信息，同时方便授课教师掌握学生的学习情况，及时做出教学策略的调整。该数据库的角色分为学生、教师和管理员。其中，学生只能查询与自身相关的信息，教师可以查询自己授课学生的信息，管理员则拥有全部的功能。该数据库主要功能包括如下几个部分：

（1）添加学生、教师、课程和成绩信息；

（2）查询学生、教师、课程和成绩信息；

（3）修改学生、教师、课程和成绩信息；

（4）删除学生、教师、课程和成绩信息；

（5）统计学生成绩信息。

任务 6.2 数据库功能结构

根据需求分析，该数据库主要包括查询、插入、更新和删除等模块，功能结构如图 6-1 所示。其中，查询模块分为学生自身信息和成绩查询、教师授课学生信息查询及管理员特有的查询；插入和删除模块只能由管理员执行，涉及表中数据的插入和删除；对于更新模块，教师可更新授课学生的成绩，管理员则可更新表中任意数据。

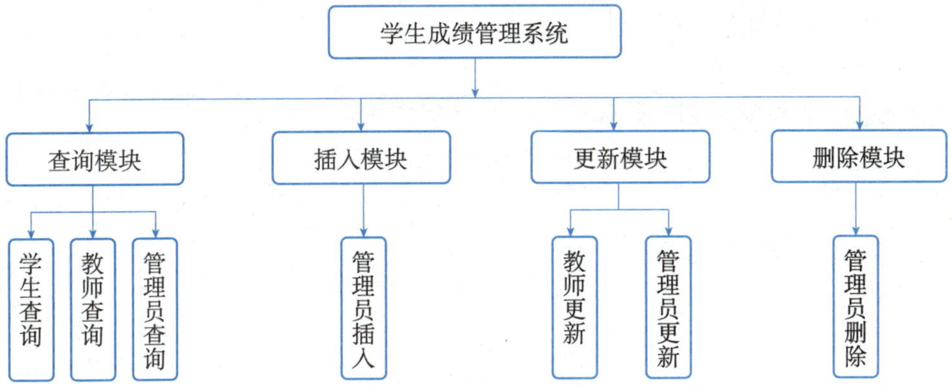

图 6-1 数据库功能结构图

任务 6.3 数据库设计与实现

设置数据库名为 score_db，所有的数据表都存储在该数据库中。根据需求，可以设计以下数据表：

学生表（student）

- sno：学号，主键
- sname：学生姓名，非空
- gender：学生性别，非空，只能为“男”或者“女”
- birth：学生出生日期，非空
- major：专业名称，非空

成绩表（score）

- sno：学号，与 cno 构成联合主键（sno，cno）
- cno：课程号，与 sno 构成联合主键（sno，cno）
- score：成绩，可为空
- tno：教师工号，非空

课程表（course）

- cno：课程号，主键
- cname：课程名称，非空
- credit：学分，非空
- period：学时，非空

教师表（teacher）

- tno：教师工号，主键

- tname：教师姓名，非空
- phone：联系电话，非空
- major：专业名称，非空

6.3.1 创建数据库和数据表

（1）创建数据库 score_db。
（2）创建表。

6.3.2 插入模块

每个表需要插入如下数据，见表 6-1、表 6-2、表 6-3 和表 6-4。

表 6-1 student

sno	sname	gender	birth	major
2022010201	张群	男	2004-02-01	计算机应用
2022010202	李冰	女	2003-12-11	网络技术
2022010301	方丽	女	2004-08-10	计算机应用
2022010302	刘光明	男	2003-10-11	网络技术
2022010401	马志明	男	2004-01-20	软件技术
2022010402	余亮	男	2003-05-20	软件技术

表 6-2 course

cno	cname	credit	period
A001	MySQL	4	64
A002	Java	2	32
A003	网络基础	4	64
A004	数据结构	2	32

表 6-3 score

sno	cno	score	tno
2022010201	A001	NULL	1001
2022010202	A002	NULL	1002
2022010301	A003	NULL	1003
2022010302	A004	NULL	1004
2022010401	A001	NULL	1003
2022010402	A002	NULL	1001
2022010201	A003	NULL	1002

续表

sno	cno	score	tno
2022010202	A004	NULL	1003
2022010301	A001	NULL	1004
2022010302	A002	NULL	1004
2022010401	A003	NULL	1001
2022010402	A004	NULL	1002

表 6-4 teacher

tno	tname	phone	major
1001	孟杰	13188127699	计算机应用
1002	刘阳	15082834567	计算机应用
1003	刘凤阳	17729889252	软件技术
1004	陈晓杰	18603992312	软件技术
1005	孟佳	15532489021	网络技术

6.3.3 更新模块

1. 教师更新

更新某个学生的某一门课的成绩。

2. 管理员更新

（1）更新某个学生的出生日期。

（2）统一更新所有课程的学分和学时。

6.3.4 查询模块

1. 学生查询功能

（1）可根据学号查询学生的基本信息。

（2）可根据学号查询该同学所有课程的成绩。

（3）可根据学号查询成绩不合格的课程名。

（4）可根据学号查询不及格课程对应授课教师的电话。

（5）可根据学号查询最低成绩、最高成绩和平均成绩。

（6）可根据学号查询最低成绩和最高成绩对应的课程名。

（7）可根据学号查询所有与自己所选课程完全相同的的其他同学的学号。

（8）可根据学号查询自己所获取的学分（不及格没有学分）。

（9）可根据学号查询自己成绩的等级（>=90：A，>=80：B，>=60：C，<60：D）。

2. 教师查询功能

（1）可根据教师工号查询所有所授的学生的基本信息。

（2）可根据教师工号查询自身所授课程的课程名。

（3）可根据教师工号查询所授课程的最低分、最高分和平均分。

（4）可根据教师工号查询所授课程不及格学生的姓名。

（5）可根据教师工号查询所授课程不同等级的学生数量（>=90：A，>=80：B，>=60：C，<60：D）。

（6）可根据教师工号查询所授课程存在不及格学生的课程号。

3. 管理员查询功能（管理员独有的查询功能）

（1）查询所有学生的基本信息。

（2）查询所有教师的基本信息。

（3）查询教师人数超过 2 人的专业。

（4）查询没有授课任务的教师姓名。

（5）查询每个教师授课课程数（无授课任务的显示 0）。

（6）查询平均分最高的专业。

（7）查询各专业不及格人数。

6.3.5 删除模块

管理员权限：

（1）删除某个学生的所有相关信息。

（2）删除某一门课的所有相关信息。

（3）清空所有表中的数据。

任务要求：

要求撰写实训报告，把完成任务过程中主要操作、命令及关键步骤的截图，遇到的问题与解决方法、未解决或需要进一步探讨的问题，以及任务实践过程中的收获和经验教训写入报告并提交（实训报告见附录）。

参考文献

[1] 李锡辉，王敏 . MySQL 数据库技术与项目应用教程（微课版）[M]. 2 版 . 北京：人民邮电出版社，2022.

[2] 黑马程序员 . MySQL 数据库入门 [M]. 2 版 . 北京：清华大学出版社，2022.

[3] 刘刚，苑超影 . MySQL 数据库应用实战教程（慕课版）[M]. 北京：人民邮电出版社，2019.

[4] 李士勇，杜娟 . MySQL 数据库应用技术 [M]. 北京：北京邮电大学出版社，2020.

[5] 孔祥盛 . MySQL 数据库基础与实例教程 [M]. 北京：人民邮电出版社，2014.

[6] 石坤泉，汤双霞 . MySQL 数据库任务驱动式教程（微课版）[M]. 3 版 . 北京：人民邮电出版社，2022.

[7] 崔洋，贺亚茹 . MySQL 数据库应用从入门到精通 [M]. 北京：中国铁道出版社，2016.

[8] 何元清，魏哲 . MySQL 数据库程序设计 [M]. 北京：中国铁道出版社，2018.

[9] 李波 . MySQL 从入门到精通（视频教学版）[M]. 北京：清华大学出版社，2015.

[10] Russell J.T.Dyer. MySQL 与 MariaDB 学习指南 [M]. 袁志鹏，译 . 北京：人民邮电出版社，2016.

附　　录

实训报告

<table>
<tr><td colspan="6">实训名称：＿＿＿＿＿＿</td></tr>
<tr><td>班级</td><td></td><td>姓名</td><td></td><td>学号</td><td></td></tr>
<tr><td>指导老师</td><td></td><td>日期</td><td></td><td>项目组号</td><td></td></tr>
<tr><td>同组组员</td><td colspan="5"></td></tr>
<tr><td colspan="6">一、实验目的</td></tr>
<tr><td colspan="6">二、实验工具
电脑、MySQL 数据库软件、Word 软件</td></tr>
<tr><td colspan="6">三、实训内容及步骤</td></tr>
<tr><td colspan="6">四、实训操作记录及心得体会</td></tr>
</table>